▲ 制作倾斜样式

▲ 图层混合模式的应用（1）

▲ 图层不透明度的应用

▲ 为奔跑的人物添加动感粒子效果

▲ 剪贴蒙版的应用

▲ 榴莲促销海报

本书精彩实例

▲ 制作商品海报（1）

▲ 图层混合模式的应用（2）

▲ 制作商品海报（2）

▲ 服装网店首页海报

▲ 蜜桃礼盒包装

▲ DIY蛋糕海报

▲ 宠物用品海报

▲ 使用高反差计算功能磨皮

▲ 图层混合模式的应用（3）

▲ 图层混合模式的应用（4）

▲ 杂志封面

▲ 护肤品海报（1）

▲ 超市春季促销海报

本书精彩实例

▲ 扫地机网店首页海报

▲ 解决图片的偏色问题

▲ 制作相册内页

▲ 创意汽车海报

▲ 护肤品海报（2）

▲ 家居用品海报

▲ 绘制文字边框

从零开始 ▶

Photoshop 2022
中文版基础教程

神龙影像　编著

人民邮电出版社

北　京

PREFACE

前言

Photoshop在设计领域中的应用非常广泛，涉及平面设计、网页设计、UI设计、摄影后期处理、手绘插画、服装设计、网店美工、创意设计等，深受广大艺术设计人员和计算机美术爱好者的喜爱。本书语言通俗易懂，且配有大量图示，内容编写特点如下。

1. 零起点，入门快

本书以入门者为主要读者对象，通过对基础知识细致入微的讲解，辅以图示，并结合实例，对常用工具、命令、参数等做出详细的介绍，同时给出技巧提示，确保零基础的读者能轻松、快速入门。

2. 内容全面，注重学习规律，强化动手能力

本书采用"知识点+课堂案例+课堂实训+课后习题"的模式编写，具有轻松易学的特点。"知识点"涵盖Photoshop 2022的核心工具与命令的相关知识；"课堂案例"便于读者动手操作，在模仿中学习；"课堂实训"用来帮助读者加深印象，提高实际应用能力；"课后习题"用于帮助读者巩固所学知识，掌握软件操作技巧，为将来开展设计工作奠定基础。第10章为综合实例。

3. 实例丰富，效果精美

书中实例都是经过精心筛选的。这些实例不仅具有丰富性和多样性，还具有很强的实用性和参考性；对于实例效果，本书在保证其商业性的基础上追求艺术性，注重提升读者的审美。Photoshop只是工具，读者在设计作品时一定要有审美意识。

4. 手机扫码看视频，跟着书本同步学

每章的课堂案例、课堂实训部分都有相应的二维码，读者可使用手机扫码观看视频，跟着书本同步学习。

5. 计算机离线看视频

读者可下载视频及素材源文件，边看边练，如同老师在身边手把手教学，学起来更轻松、更高效。

6. 配套资源完备，便于深度拓展

除了提供几乎覆盖全书实例的配套视频和素材源文件外，本书还赠送大量与设计工作者必学内容相关的学习资源和练习资源。

因而，本书特别适合Photoshop零基础读者阅读，有一定经验的读者也可从中学到大量高级功能和Photoshop 2022新增功能的使用方法。本书也适合作为各类培训班学员及广大自学人员的参考书和学校相关专业的教材。

本书配套资源下载方法

读者可以使用微信扫描下页二维码，关注公众号，发送"59998"，获得资源下载链接和提取码。将下载链接复制到浏览器中并访问下载页面，即可通过提取码下载配套资源。

致谢

　　本书在创作过程中得到了不少精通Photoshop的设计师及Photoshop零基础读者的大力支持，他们为本书的实例选择和内容编写提出了很多宝贵的意见与建议，在此表示诚挚的感谢！

　　本书由神龙影像策划和编写，参与资料收集和整理工作的有于丽君、孙连三、孙屹廷等。由于编者水平有限，书中难免存在不足之处，敬请广大读者批评和指正，联系邮箱为luofen@ptpress.com.cn。

神龙影像

目 录

目 录

第 **1** 章

认识Photoshop

>>

本章内容导读

本章主要讲解Photoshop的基础知识，让读者从Photoshop的工作界面开始学起，逐渐掌握Photoshop的一些基本操作，为进一步学习Photoshop奠定基础。

重要知识点

- Photoshop的工作界面。
- "新建""打开""存储"等命令的使用方法。

学习本章后，读者能做什么

通过对本章的学习，读者能学会Photoshop的基础操作并掌握Photoshop的基本概念，通过不断练习可以熟练掌握室内写真、喷绘、网店海报等各种文件的创建与存储，以及快速打开已有文件等操作。

1.1 初识 Photoshop

Photoshop是什么？

　　Photoshop 即 Adobe Photoshop，是由 Adobe 公司开发和发行的图像处理软件，也就是大家常说的"PS"。本书后文所提及的"Photoshop"，若无特别说明，均指"Adobe Photoshop 2022"。

Photoshop能做什么？

　　Photoshop是图像设计人员的必备软件，使用它可以完成广告设计、书籍装帧设计、产品包装设计、网店美工设计、UI设计、创意合成设计、插画设计、服装设计等方面的工作。

1.2 熟悉Photoshop的工作界面

　　Photoshop的工作界面包括菜单栏、标题栏、文件窗口、工具箱、工具选项栏、面板和状态栏等区域，如图1-1所示。熟悉这些区域的结构和基本功能，可以让操作更加快捷。

图1-1

　💡提示　Photoshop 安装完毕后，打开该软件，首先出现的是启动界面，启动完成后，会显示欢迎界面。在该界面中单击"新建"或"打开"按钮，即可新建或打开一个文件，进入 Photoshop 的工作界面。

1.2.1 菜单栏

Photoshop的菜单栏包含11个菜单，基本整合了Photoshop中的所有命令。使用这些菜单中的命令，可以轻松完成文件的创建和保存、图像大小的修改、图像颜色的调整等操作。单击某个菜单项，即可打开相应的下拉菜单；每个下拉菜单中都包含多个命令，部分命令的右侧带有黑色小三角标记，它表示这是一个子菜单，其中包含多个命令。

1.2.2 标题栏与文件窗口

标题栏显示了文件名称、文件格式、窗口缩放比例和颜色模式等信息。如果文件中包含多个图层，则标题栏还会显示当前工作图层的名称；打开多个图像时，在窗口中只会显示当前图像；单击标题栏中的文件名称即可显示相应的图像。

文件窗口是显示和编辑图像的区域。

1.2.3 工具箱与工具选项栏

Photoshop的工具箱包含了用于创建和编辑图像等的工具。默认状态下，工具箱在文件窗口的左侧。

把鼠标指针移动到一个工具上并停留片刻，系统会显示该工具的名称和快捷键信息，同时会出现操作演示动画来告诉用户这个工具的用法，如图1-2所示。

单击工具箱中的工具按钮即可选择该工具，如图1-3所示；部分工具的右下角带有黑色小三角标记，它表示这是一个工具组，其中包含多个工具；在这样的工具按钮上右击即可查看隐藏的工具；将鼠标指针移动到某工具上并单击，即可选择该工具，如图1-4所示。

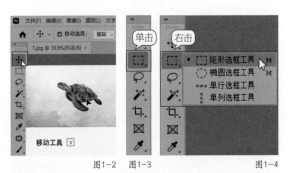

图1-2　　图1-3　　　　　　图1-4

使用工具进行图像处理时，工具选项栏中会出现当前所用工具的相应选项。它的内容会随着所选工具的不同而不同，用户可以根据自己的需要在其中设置相应的参数。以套索工具为例，选择该工具后，工具选项栏中显示的选项如图1-5所示。

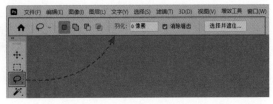

图1-5

> 💡提示　如果在工具箱中找不到需要的工具，可以将鼠标指针放到工具箱中的 **···** 按钮上并长按鼠标左键，将隐藏的工具显示出来。

1.2.4 面板

面板主要用来配合图像的编辑、对操作进行控制以及设置参数等。Photoshop中共有20多个面板，在菜单栏的"窗口"菜单中可以选择需要的面板并将其打开，也可将不需要的面板关闭，如图1-6所示。

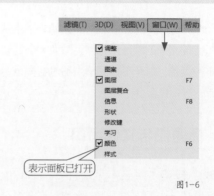

图1-6

常用的面板有"图层"面板、"通道"面板和"路径"面板。默认情况下，面板以选项卡的形式出现，并位于文件窗口的右侧。

用户可以根据需要对面板进行相关操作，如图1-7所示。

另外，还可以根据需要自由组合和分离面板。将鼠标指针移至面板标签上，按住鼠标左键将标签拖动到目标面板的标签栏旁，可以将该面板与目标面板组合；分离面板的操作与此类似。图1-8所示为将"调整"面板和"属性"面板分离，将"调整"面板移到"路径"面板（目标面板）右边，将"调整"面板与"图层""通道""路径"面板进行组合的过程。

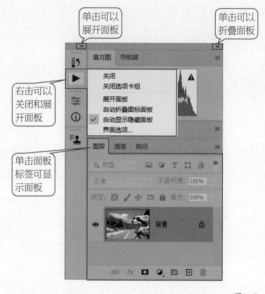

图1-7

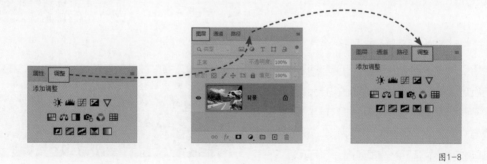

图1-8

1.2.5 状态栏

状态栏位于文件窗口的下方，显示了文件大小、图像尺寸和图像缩放比例等信息。其左侧显示的参数为图像在窗口中的缩放比例。

在Photoshop的工作界面中，菜单栏、文件窗口、工具箱和面板统称为工作区。Photoshop为不同的制图需求提供了多种工作区，如基本功能、摄影、绘画等工作区。单击工作界面右上角的▣按钮，可以在弹出的菜单中切换工作区。如果用户在操作过程中改变了工具箱、面板的位置（或关闭了工具箱、面板），可以复位当前工作区。以"摄影"工作区为例，单击执行"复位摄影"命令即可复位工作区，如图1-9所示。

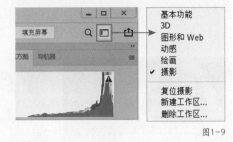

图1-9

1.3 位图与矢量图

计算机中的图像主要分为两类，一类是位图，另一类是矢量图。Photoshop 主要用于位图的编辑，但也包含编辑矢量图的工具。

1.3.1 位图

位图又称点阵图（在技术上称作栅格图像），当将位图放大到一定程度时，就会发现图像是由一个个小方块组成的，如图1-10所示，这些小方块就是像素。每个像素都有特定的位置和颜色值，它是组成位图最基本的元素。

图1-10

单位长度内，容纳的像素越多，图像质量越高；容纳的像素越少，图像质量越低。单位长度内像素的数量，就是一幅位图的分辨率。分辨率的单位通常为像素/英寸，如72像素/英寸表示每英寸（无论水平还是垂直）包含72像素，如图1-11所示。

因此，分辨率决定了位图细节的精细程度。分辨率越高，像素越多（密），颜色越丰富，图像就越细腻，能展现更多细节和更细微的颜色过渡效果；分辨率越低，像素越少（疏），颜色越单调，图像就越粗糙，缺少细节和颜色过渡效果。

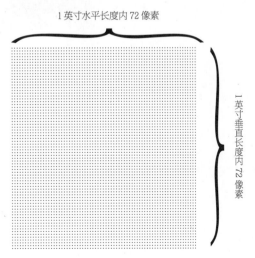

1英寸水平长度内72像素

1英寸垂直长度内72像素

图1-11

图1-12至图1-14所示为打印尺寸相同但分辨率不同的3幅图像，从图中可以看到：低分辨率的图像有些模糊，高分辨率的图像十分清晰。

分辨率为 25 像素 / 英寸（模糊）

图1-12

分辨率为 50 像素 / 英寸（稍微模糊）

图1-13

分辨率为 300 像素 / 英寸（清晰）

图1-14

理解位图的概念，以及像素、分辨率、打印尺寸之间的关系，将有助于我们理解2.2节中的内容。

1.3.2 矢量图

矢量图又称矢量形状或矢量对象，它是由直线和曲线构成的。每张矢量图都具有颜色、形状、轮廓和大小等属性。矢量图的主要特点：图形边缘清晰锐利；无论放大多少倍，图形都不会变模糊；颜色较单调，如图1-15所示。

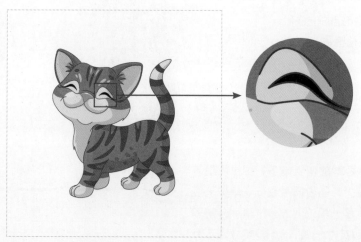
图1-15

由于Photoshop主要用于位图的编辑，因此本书大部分章节的操作是针对位图进行的，第7章为矢量图的编辑。

理解位图与矢量图对后续学习非常重要，例如在什么场景下使用它们、缩放是否会影响图像的品质、是否会占用很大的存储空间等。很多初学者分不清矢量图与位图，下面就以表格的形式对比分析一下矢量图与位图，如表1-1所示。

表1-1

类别	颜色表现	应用场景	缩放效果	占用的存储空间	相互转换	软件及格式
位图	颜色丰富、细腻	相机拍摄的照片、扫描仪扫描的图片，以及手机屏幕上抓取的图像、画册、网页图片等	包含固定数量的像素，放大位图，只能将原有的像素变大以填充多出的空间，而无法生成新的像素，放大后画面会变模糊	在存储时需要记录每一个像素的位置和颜色信息，颜色信息量越大，占用的存储空间越大，图像越清晰	想要转换为矢量图，需要经过复杂的处理过程，而且生成的矢量图的质量也不是很好	格式很多，如JPG、TIF、BMP、GIF、PSD等
矢量图	颜色单调	标志、用户界面、插画作品等	与分辨率无关，将它缩放到任意大小都不会影响其清晰度	它是软件使用数学的向量方式进行计算得到的图形，与分辨率没有直接关系，占用的存储空间要比位图小很多	可以轻松转换为位图	格式也很多，如AI、EPS、SVG、CDR、DWG和DXF等

1.4 文件的基本操作

在熟悉Photoshop的工作界面后，就可以正式接触Photoshop的功能了。本节将介绍文件的基本操作。

1.4.1 新建文件

单击欢迎界面中的"新建"按钮，可打开"新建文档"对话框，如图1-16所示。在该对话框中，可以以3种方式新建文件：❶从预设中创建，❷自定义创建，❸根据最近使用的项目创建。

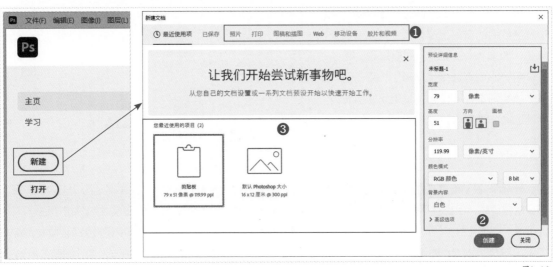

图1-16

1.从预设中创建文件

Photoshop根据不同的应用领域，将常用尺寸进行了分类，包括"照片""打印""图稿和插图""Web""移动设备""胶片和视频"，用户可以根据需要在预设区中选择合适的尺寸。选择合适的尺寸后，自定义创建区中会显示该预设尺寸的详细信息，单击"创建"按钮即可创建文件。

如果文件用于排版、印刷，可单击"打印"标签，左侧列表中会显示排版、印刷常用的预设选项，拖
动列表右侧的滑块可查看该标签中的全部预设选项，例如平日常用的A4纸大小的打印文件就可以在该列表中创建，如图1-17所示；如果文件用于网页、网店设计，可单击"Web"标签，左侧列表中会显示网页设计常用的预设选项；如果文件用于UI设计，可单击"移动设备"标签，左侧列表中会显示移动设备常用的预设选项。

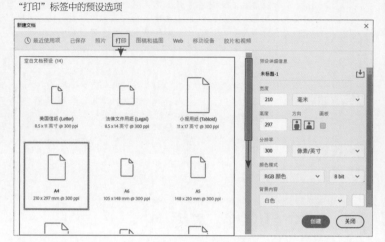

"打印"标签中的预设选项

图1-17

2. 自定义创建文件

如果在预设区中没有找到合适的尺寸，就需要自己设置，新建文件时要根据文件用途确定其尺寸、分辨率和颜色模式（关于图像颜色模式的相关知识见5.1节）。在"新建文档"对话框的右侧，可以进行"宽度""高度""分辨率"等参数的设置，如图1-18所示。

名称 输入文件的名称，默认文件名为"未标题-1"。创建文件后，文件名会显示在标题栏中。

宽度/高度 设置文件的宽度/高度，在宽度数值的右侧下拉列表中可以设置单位，如图1-19所示。一般来说，若文件用于印刷则选择"毫米"，用于写真、喷绘则选择"厘米"，用于网页设计则选择"像素"。

图1-18

图1-19

分辨率 用于设置文件的分辨率，单位为"像素/英寸"或"像素/厘米"。通常情况下，分辨率越高，图像就越清晰。但也并不是所有场合都需要使用高分辨率，因此，要根据后期输出需求对分辨率进行不同的设置。这里介绍一些常用分辨率的设置：图像用于屏幕显示、冲印照片，将分辨率设置为72像素/英寸即可，这样可以减小图像文件，提高其上传和下载的速度；喷绘广告若面积在一平方米内，图像分辨率一般为70~100像素/英寸，巨幅喷绘可为25像素/英寸；印刷作品通常使用的分辨率为300像素/英寸，若印刷高档画册，则分辨率为350像素/英寸。

颜色模式 设置文件的颜色模式，包含 5 种颜色模式。一般情况下，用于网页显示、屏幕显示、冲印照片等的文件使用 RGB 颜色模式，用于室内写真机、室外写真机、喷绘机输出或印刷的文件则使用 CMYK 颜色模式。

方向 单击▯按钮，文件方向为竖向；单击▭按钮，文件方向为横向。

背景内容 设置文件的背景颜色，包括"白色""黑色""背景色""透明""自定义"。"白色"为默认颜色；"背景色"是指将工具箱中的背景色用作背景图层的颜色；"透明"是指创建一个透明的背景图层；如果要选用其他颜色，可以单击"自定义"按钮，在弹出的"拾色器"对话框中设置相应的颜色。

3. 根据最近使用的项目创建文件

直接在"新建"对话框左侧的"最近使用项"中找到并选择最近使用过的项目，然后单击"创建"按钮即可创建文件。

> 💡 **提示** 除了可以在开始界面完成文件的创建外，还可以单击菜单栏"文件">"新建"命令（快捷键为"Ctrl+N"组合键），打开"新建文档"对话框，进行文件的创建操作。

> 📖 **职场经验** **关于分辨率**
>
> 分辨率决定了位图的精细程度。通常情况下，分辨率越高，图像就越清晰。但并不是所有场合都需要使用高分辨率，因此，在不同情况下需要对分辨率进行不同的设置。

1.4.2 打开文件

如果需要处理图片或继续编辑之前的文件，就需要在Photoshop中打开已有的文件。

❶单击欢迎界面中的"打开"按钮或单击菜单栏"文件">"打开"命令（快捷键为"Ctrl+O"组合键），❷弹出"打开"对话框，在该对话框中找到需要打开的文件并将其选中，❸单击"打开"按钮，即可将其打开，如图1-20和图1-21所示。

图1-20 图1-21

如果在Photoshop中已打开过文件，启动Photoshop后，欢迎界面中会显示最近使用项的缩览图（默认显示20个）。如果需要继续编辑之前的文件，单击缩览图即可打开相应的文件。

💡 **提示**　在"打开"对话框中可以一次性选中多个文件，同时将它们打开。按住"Ctrl"键并单击文件，可以选中不连续的多个文件；按住"Shift"键并单击文件，可以选中连续的多个文件。也可以按住鼠标左键并拖动，框选多个文件。除了可以使用"打开"命令打开文件外，还可以在Photoshop中的空白区域双击，然后打开文件。

1.4.3 置入文件

使用Photoshop设计海报、杂志、包装等作品时，经常需要使用一些图像素材来丰富画面效果。若使用"打开"命令，素材会以一个独立的文件形式打开。如果此时想要再打开其他的素材，并将它们置入同一个画布里，再使用"打开"命令打开一个素材，会发现新打开的素材位于一个新的画布中，并未达到预期效果。这时可以使用置入命令，将多个素材置入同一画布中。

1. 置入嵌入对象

使用"置入嵌入对象"命令，可以将不同格式的位图或矢量图添加到当前文件中，具体操作步骤如下。

01 打开一个促销海报，如图1-22所示，下面将产品置入到该文件中。

图1-22

02 单击菜单栏"文件"＞"置入嵌入对象"命令，然后在弹出的"置入嵌入的对象"对话框中选择要置入的文件，这里选择"冰洗产品"文件，单击"置入"按钮，如图1-23所示。

图1-23

03 此时该素材已经置入文件中，置入的素材边缘带有定界框和控制点，如图1-24所示。拖动定界框上的控制点可以放大或缩小图像；将鼠标指针放在定界框内，按住鼠标左键并拖动图像可以移动图像；将鼠标指针放到定界框外，当鼠标指针呈↲状时拖动鼠标，可以旋转图像。调整完成后按"Enter"键即可

完成置入操作，此时定界框消失，如图1-25所示。置入的素材以智能对象图层的形式（关于智能对象图层的概念请参见3.1.3小节）存在，如图1-26所示。

图1-24

图1-25

图1-26

2. 置入链接的智能对象

在Photoshop中，使用"置入链接的智能对象"命令，可以创建链接了外部图像文件内容的智能对象。当更改源图像文件时，链接智能对象的内容也会更新。下面就通过这种方法将AI格式的矢量文件置入Photoshop中。置入文件后，用Illustrator 修改源文件时，Photoshop 中的图形也会自动更新为修改后的状态。

01 打开草莓酸奶广告图，如图1-27所示。下面将一组矢量文字置入当前文件中。

图1-27

02 单击菜单栏"文件"＞"置入链接的智能对象"命令，打开"置入链接的对象"对话框，选择需要置入的文件，单击"置入"按钮，如图1-28所示。弹出"打开为智能对象"按钮，单击"确定"按钮，如图1-29所示。素材就会以链接的方式置入当前文件中，将其移动到合适的位置并按"Enter"键即可完成置入操作，如图1-30所示。在"图层"面板中可以看到置入链接的智能对象（智能对象缩览图右下角有图图标），如图1-31所示。

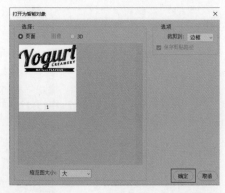

图1-28　　　　　　　　　　　　　　　　　　　　图1-29

图1-30　　　　　　　　图1-31

03 置入的文字看起来有一些暗，单击智能对象图层缩览图右下角的 图标，进入链接的文件，为文字组合设置一个较亮的颜色，如图1-32所示。链接的文件修改后，Photoshop中相应的素材也会同步发生变化，如图1-33所示。

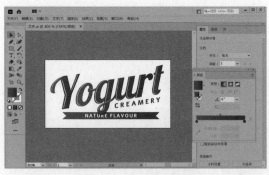

图1-33

图1-32

3. 导入AI图层功能

该功能支持在Illustrator中直接按"Ctrl+C"组合键复制多个图层，然后在Photoshop中按"Ctrl+V"组合键，此时会弹出"粘贴"对话框，选中"图层"选项，如图1-34所示，单击"确定"按钮进行粘贴操作，此操作将保留所有形状、颜色、图层名称等。

图1-34

1.4.4 保存文件

对文件进行编辑后，可以将文件保存，以便下次继续编辑。

1. 使用"存储"命令保存文件

单击菜单栏"文件">"存储"命令或按"Ctrl+S"组合键，即可打开"存储为"对话框。在该对话框中设置文件的保存位置、输入文件名并选择文件保存类型后，单击"保存"按钮，即可将文件保存，如图1-35所示。

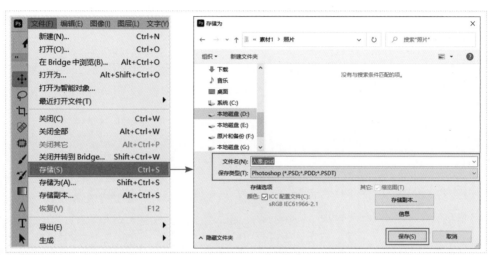

图1-35

文件名 设置文件名。

保存类型 设置文件的保存格式。

存储副本 单击该按钮，可以另外保存一个副本文件。

ICC 配置文件 选中该选项，可以保存嵌入文件中的 ICC 配置文件。

2. 使用"存储为"命令保存文件

当对已保存过的文件进行编辑后，使用"存储"命令进行存储的将不会弹出"存储为"对话框，而是直接保存文件，并覆盖原始文件；如果要将编辑后的文件存储为一个新文件，可单击菜单栏"文件">"存储为"命令或按"Shift+Ctrl+S"组合键，打开"存储为"对话框进行存储。

> 💡**提示** 在处理文件的过程中，特别是大型的文件，需要及时将文件保存，完成一部分保存一部分，避免发生意外而导致处理后的文件丢失。

1.4.5 图像格式的选择

保存文件时，在"存储为"对话框中的"保存类型"下拉列表中有多种格式可以选择。下面介绍几种常用的图像格式。

1. 以PSD格式进行存储

在存储新文件时，PSD为默认格式。这种格式的文件可以保留图像中的图层、蒙版、通道、路径、未删格式的文字、图层样式等信息，以便后期修改。在"存储为"对话框中的"保存类型"下拉列表中选择该格式如图1-36所示，单击"保存"按钮可直接保存文件。

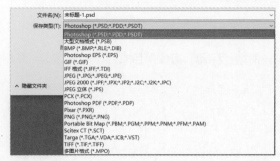

图1-36

2. 以JPEG格式进行存储

JPEG格式是一种常见的图像格式。如果图像用于网页、屏幕显示、冲印照片等对图像品质要求不高的场合，则可以将图像存储为JPEG格式。

JPEG格式是一种压缩率较高的图像格式，当创建的文件存储为这种格式的时候，其图像品质会有一定的下降。

单击菜单栏"文件">"存储为"命令，在打开的"存储为"对话框的"保存类型"下拉列表中选择JPEG格式，单击"保存"按钮后将打开"JPEG选项"对话框，如图1-37所示，在其中可以对图像的品质进行设置。

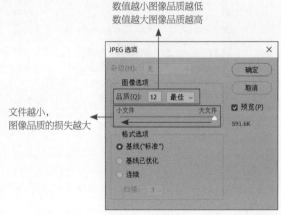

图1-37

3. 以TIFF格式进行存储

TIFF 格式是一种比较常见的图像格式，它能够较大程度地保证图像品质。这种格式常用于对图像品质要求较高的场合，例如，需要印刷时就需要将图像存储为这种格式。选择该格式后，在弹出的图1-38 所示的"TIFF 选项"对话框中保持默认设置，直接单击"确定"按钮即可保存文件。

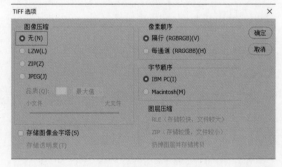

图 1-38

4. 以 PNG 格式进行存储

PNG格式是一种比较常见的图像格式。这种格式的文件通常被作为一种背景透明的素材文件来使用，而不会被单独使用。例如，在Word、PPT文件中，当需要使图片的背景透明时，可将该图片在Photoshop中进行去背景处理后保存为PNG格式。

将Logo去背景处理后分别存储为PNG格式和JPEG格式并置入幻灯片，二者的效果差异如图1-39、图1-40所示。

PNG 格式，Logo 很好地融入幻灯片中

图 1-39

JPEG 格式，Logo 上仍有白色背景

图 1-40

为方便读者准确使用图像格式，现将常用图像格式的使用场景及优缺点整理出来，如表1-2所示。

表1-2

图像格式	扩展名	使用场景	优点	缺点
PSD	*.psd	保存尚未制作完成的图像	保留设计方案和图像所有的原始信息	文件占用空间大
JPEG	*.jpeg 或 *.jpg	用于网络传输	文件占用空间小，支持多种电子设备读取	有损压缩，图像品质最差
TIFF	*.tif	用于排版和印刷	灵活的位图格式，支持多种压缩形式，图片品质较高	文件占用空间较大
PNG	*.png	存储为透明通道形式	高级别无损压缩	低版本浏览器和程序不支持PNG文件

1.4.6 关闭文件

单击菜单栏"文件">"关闭"命令或按"Ctrl+W"组合键，可以关闭当前文件。单击标题栏中当前文件标签右侧的"关闭"按钮，也可以关闭当前文件。

如果要关闭在Photoshop中打开的所有文件，可单击菜单栏"文件">"全部关闭"命令。

1.4.7 课堂实训：新建一个 A4 纸大小的打印文件

用Photoshop制作A4纸大小的打印文件时，宽度和高度应设置为多少？如何快速创建文件？

操作思路 打开"新建文档"对话框，单击"打印"标签，在"打印"选项卡中找到合适的尺寸。

1.5 课后习题

产品包装盒设计好后，将该文件发送给印刷厂时应使用什么格式？

第 **2** 章

图像的基本编辑

本章内容导读

通过对第1章的学习，我们已经能够在Photoshop中打开和新建文件。本章将学习一些基本的操作，如查看图像、修改图像的大小、修改画布的大小、裁剪画面等。

重要知识点

- "图像大小"命令的使用方法。
- "画布大小"命令的使用方法。
- 裁剪工具的使用方法。
- "拉直"选项的使用方法。
- "图像旋转"命令的使用方法。
- 变换命令的使用方法。

学习本章后，读者能做什么

通过对本章的学习，读者能够将图像调整为所需大小，可以根据画面需求对图像进行裁剪、快速校正倾斜的图像，还可以对图像进行变换操作。

2.1 查看图像

编辑图像时，经常需要放大、缩小图像或调整文件窗口的显示内容，以便更好地观察和处理图像。Photoshop提供了用于辅助查看图像的功能和工具，如切换屏幕模式功能、缩放工具、抓手工具等。

2.1.1 切换屏幕模式

在Photoshop中查看图像或进行编辑操作时，如果需要获得更大的操作空间，可以更改屏幕模式，隐藏一些暂时不用的面板或菜单。

右击工具栏底端的"更改屏幕模式"按钮，会弹出3种屏幕模式以供选择，如图2-1所示。

图2-1

标准屏幕模式 默认的屏幕模式，显示菜单栏、标题栏、状态栏及当前打开的工具选项栏和面板。

带有菜单栏的全屏模式 扩大图像显示范围，隐藏标题栏和状态栏。

全屏模式 工作界面中只显示图像。

2.1.2 缩放工具

在编辑图像的过程中，有时需要放大图像的局部以进行细节处理，有时则需要缩小图像观看整体，此时就可以使用缩放工具来完成。

缩放工具既可以放大图像，也可以缩小图像。单击工具箱中的缩放工具，工具选项栏中显示该工具的设置选项，如图2-2所示。

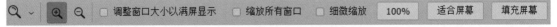

图2-2

放大图像 单击按钮，在画面中单击可以放大图像，如图2-3所示。

缩小图像 单击按钮，在画面中单击可以缩小图像，如图2-4所示。

放大图像

缩小图像

图2-3

图2-4

适合屏幕　单击 适合屏幕 按钮，可以在文件窗口中最大化显示图像的完整效果，如图2-5所示。

在文件窗口中最大化显示完整图像

图2-5

调整窗口大小以满屏显示　选中 ☑调整窗口大小以满屏显示 选项，可以在缩放图像的同时自动调整文件窗口的大小。

缩放所有窗口　如果当前打开了多个文件，选中 ☑缩放所有窗口 选项，可以同时缩放所有打开的文件。

细微缩放　选中 ☑细微缩放 选项后，在画面中单击并向左侧或右侧拖动鼠标，能够以平滑的方式快速缩放图像。

100%　在对图像的细节进行查看或编辑时，想要清晰地看到图像的每一个细节，通常需要将图像显示比例设为1∶1，此时单击 100% 按钮即可。

2.1.3 抓手工具

文件窗口没有显示完整的图像时，就需要使用抓手工具进行平移以查看其余部分的图像。单击工具箱中的抓手工具🖐️，在画面中按住鼠标左键并拖动，如图2-6所示，即可查看画面的其他区域图像，如图2-7所示。

图2-6

图2-7

2.2 修改图像的大小和旋转图像

　　当图像过大或过小时，就要想办法把这个图像放大或者是缩小，调整到需要的大小。这里的大小不是指在屏幕上查看图像时的显示大小，而是指图像的实际打印大小。该大小可以在创建文件时设置，当文件创建后还可以使用"图像大小"和"画布大小"命令进行修改。此外，还可使用"图像旋转"命令旋转图像。

2.2.1 修改图像的大小

　　使用"图像大小"命令可以调整图像的像素总数、打印大小和分辨率。打开一张图片，单击菜单栏"图像">"图像大小"命令，打开"图像大小"对话框，如图2-8所示。

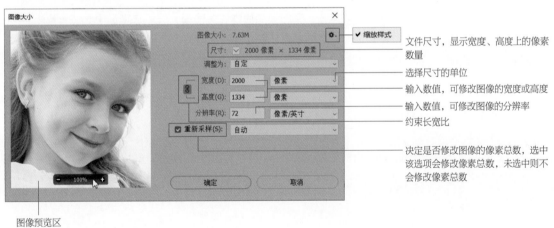

图像预览区

图2-8

　　图像预览区　将鼠标指针移动到图像预览区，单击预览区中的"-"或"+"，可以减小或增大图像的显示比例。想要清晰地看到图像的整体，将显示比例设为100%即可；想要查看图像的其他部分，在预览区内拖动图像即可。

　　图像大小　表示文件中所有像素所占用的存储空间大小。例如，该图像的原始像素总数为2000×1334=2668000，"图像大小"为7.63MB，表示该图像2668000像素所占用的存储空间为7.63MB。

　　调整为　单击该选项右侧的 ✓ 按钮，弹出的下拉列表中包含多种常用文件尺寸。例如选中"A4 210×297毫米 300 dpi"，可将图像修改为适合A4纸张的大小。

约束比例　激活"约束长宽比"按钮 ⑧，该按钮的上下会出现连接线，此时修改宽度或高度其中一项的数值，另一项将自动按之前的长宽比进行变化；未激活时，可以分别修改宽度和高度的数值。

分辨率　用来修改图像的分辨率。

重新采样　在"图像大小"对话框中，可以采用两种方法修改图像大小，一种是会更改图像的像素总数的方法（重新采样），另一种是不会更改图像的像素总数的方法（不重新采样）。

"重新采样"默认为选中状态，修改"宽度""高度""分辨率"中的任何一个数值或单位，都会改变该图像的像素总数和图像文件的大小。实际工作中，当我们要改变图像大小或调整图像到不同长宽比的时候需要选中该项。例如，网站上传图片一般都有大小限制，如果图片过大，会出现上传不成功的情况，此时就需要选中该项进行处理。

当取消选中"重新采样"选项时，修改"宽度""高度""分辨率"中的值，不会改变该图像的像素总数和图像文件的大小，只是改变了"宽度""高度""分辨率"中的值之间的对应关系。例如，减小图像的宽度或高度，必然会增大图像的分辨率；反之，增大图像的宽度或高度，必然会减小图像的分辨率。实际工作中，对于同一幅设计图稿，应对不同输出需求的时候，可以取消选中"重新采样"选项以适当的分辨率获得所需的输出。

缩放样式　单击对话框右上角的 ⚙ 按钮，弹出"缩放样式"选项，选中它（选中状态 ☑缩放样式 ），此后对图像大小进行调整时，如果文件中带有应用了样式的图层（关于图层样式的详细内容见第3章）会按照比例进行缩放。

2.2.2　课堂案例：将图像调整为所需大小

在工作中经常会遇到将同一幅图像修改为不同大小，以满足不同输出需求的情况。下面以将一张室内写真海报的大小修改为户外喷绘海报大小为例，介绍如何在保证画面清晰的情况下，使户外喷绘海报尽量大。

01 单击菜单栏"文件">"打开"命令或按"Ctrl+O"组合键打开素材文件，如图2-9所示。

图2-9

02 单击菜单栏"图像">"图像大小"命令，弹出"图像大小"对话框，可以看到图像的原始大小，如图2-10所示。

图2-10

03 喷绘海报一般相对较大，可以通过降低分辨率来放大图像。通常，分辨率为25像素/英寸就可以保证喷绘输出的基本清晰度。但如果喷绘海报太小，那么分辨率就需要适当调高，以保证图像输出的清晰度。❶取消选中"重新采样"选项，❷将"分辨率"设置为25像素/英寸，此时"宽度"和"高度"数值自动发生变化，这个数值就是当"分辨率"为25像素/英寸时，该图像最大可输出的大小，如图2-11所示。

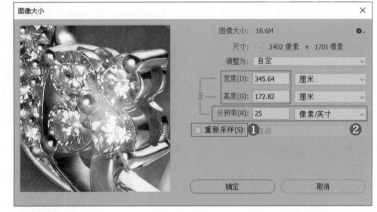

图2-11

2.2.3 修改画布大小

修改画布大小可以在图像四周增加空白区域或者裁剪掉不需要的图像。打开一张图片，单击菜单栏"图像">"画布大小"命令，可以在打开的"画布大小"对话框中修改画布大小，如图2-12所示。

图2-12

当前大小 显示图像的实际宽度和高度，以及文件的实际大小。

新建大小 可以在"宽度"和"高度"文本框中输入画布的新宽度和高度。当输入的数值大于原大小时，会增大画布（"定位"中的箭头向外）；当输入的数值小于原大小时，会减小画布（减小画布会裁剪图像，"定位"中的箭头向内），输入数值后，"新建大小"右侧会显示修改画布大小后的文件大小。

相对　选中该选项，输入的"宽度"和"高度"的数值将代表在原始图像的基础上增加或减少画布的大小，而不是整个画布的大小。

定位　该选项用来设置当前图像在新画布上的位置，箭头代表图像的位置，在某个箭头上单击，会在其相对方向增大或减小画布。例如，单击右边中间的箭头，则增加画布左边的大小；单击中心点，则增加画布四周的大小。

2.2.4　课堂案例：为图片添加白色边框

在编辑图片的过程中，给图片添加上白色边框，可以"框住"画面、聚焦视线，使整体更能够抓住观者的眼球。具体操作步骤如下。

01 单击菜单栏"文件" > "打开"命令或按"Ctrl+O"组合键打开素材文件，如图2-13所示。

02 单击菜单栏"文件" > "画布大小"命令，在弹出的对话框中，❶选中"相对"选项，❷设置"宽度"和"高度"均为2厘米，❸设置"画布扩展颜色"为白色，❹选中"定位"的中心点，单击"确定"按钮完成设置，如图2-14所示。此时图片四周出现白色边框，效果如图2-15所示。

图2-13

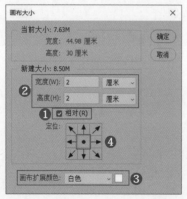

图2-14

图2-15

2.2.5　裁剪工具

当画面中存在杂物较多、画面倾斜、主体不够突出等情况时，就需要对画面进行裁剪。打开一张图片，单击工具箱中的裁剪工具 ，在画面中拖出一个矩形定界框，按"Enter"键，就可以将定界框之外的画面裁掉。图2-16所示为裁剪工具的工具选项栏。

图2-16

预设裁剪选项 用于设置裁剪的约束比例。下拉列表中提供了4种裁剪方式。

① 可以选择预设的比例或尺寸进行裁剪，如图2-17所示。原始比例：选中该选项后，裁剪框始终会保持图像原始的长宽比。预设的长宽比/预设的裁剪尺寸："1∶1（方形）""5∶7"等选项是预设的长宽比；"4×5英寸300ppi""1024×768像素92ppi"等选项是预设的裁剪尺寸。

图2-17

图2-18

③ 如果想按照特定的尺寸进行裁剪，可以在该下拉列表中选择"宽×高×分辨率"选项，然后在右侧文本框中输入宽、高和分辨率的值，如图2-19所示。

图2-19

② 如果想按照特定比例裁剪，可以在该下拉列表中选择"比例"选项，然后在右侧文本框中输入比例值，如图2-18所示。

④ 如果想要进行自由裁剪，可以在该下拉列表中选择"比例"选项，然后单击 清除 按钮将约束比例值清空，如图2-20所示。

图2-20

拉直 拍摄风景照片时，最常见的问题就是照片中的景物不够"正"，此时，可以单击 按钮，在图像上画一条直线来改善倾斜的情况。

删除裁剪的像素 在默认情况下，Photoshop会将裁掉的图像保留在文件中（使用移动工具拖动图像，可以将隐藏的图像内容显示出来），而选中该选项后，则会彻底删除裁掉的图像。

内容识别 通常在旋转裁剪框进行画面裁剪时，画面中会出现空白区域，选中该选项后，系统会自动补全空白区域。

2.2.6 课堂案例：按比例裁剪图片并重新构图

本案例为一张花卉图片进行二次构图。由于前期拍摄时构图太草率，画面主体不突出、不够简洁。下面使用裁剪工具，裁掉图片中一些多余的部分，以达到重新构图的目的。

01 打开素材文件，单击工具箱中的裁剪工具，在图像窗口中可以看到图片上自动添加了一个裁剪框，如图2-21所示。

图2-21

02 将鼠标指针移动到裁剪框四边的节点处，鼠标指针呈 ↕ 或 ↔ 状时拖动鼠标，可调整裁剪框的高度或宽度；将鼠标指针移动到裁剪框四角处，鼠标指针呈 ↖ 状时拖动鼠标，可同时调整裁剪框的宽度和高度。此时，裁剪是不受约束的，如图2-22至图2-24所示。

调整裁剪框的宽度

图2-22

调整裁剪框的高度

图2-23

同时调整裁剪框的宽度和高度

图2-24

03 如果要保持原图像的比例，则可以在工具选项栏的"比例"下拉列表中选择"原始比例"选项，将裁剪框调整到合适大小，如图2-25所示，单击工具选项栏中的 ✓ 按钮或按"Enter"键确认裁剪，即可完成裁剪。此时可以看到裁剪框以外的部分被裁剪掉了，如图2-26所示。

"原始比例"裁剪画面

图2-25

裁剪后的画面效果

图2-26

> 💡 **提示** 如果要旋转裁剪框，可以将鼠标指针移至裁剪框的外侧，当鼠标指针呈 ↻ 状时，拖动鼠标即可旋转裁剪框；如果要将裁剪框移到其他位置，可以将鼠标指针移至裁剪框内，当鼠标指针呈 ▸ 状时，拖动鼠标即可移动裁剪框。

2.2.7 课堂案例：使用"拉直"选项校正图片

在处理一些水平线或垂直线倾斜的图片时，为了让图片的水平线恢复为水平状态，可以使用"拉直"选项 ⌐。"拉直"选项在裁剪工具的工具选项栏中。

01 打开一张倾斜的图片，如图2-27所示。首先找到画面上可以作为参考的地平线、水平面或建筑物等，整个画面将以它为校正线。

02 单击工具箱中的裁剪工具，在其工具选项栏中单击 按钮，拖动鼠标在画面中拉出一条直线来校正地平线，这里以水平面为参考标准，如图2-28所示。

图2-27

图2-28

03 释放鼠标左键后，倾斜的情况即刻被校正，并且随之出现一个裁剪框。裁剪框外的像素是因校正产生的多余像素，此时可以通过调整裁剪框的大小或位置使照片的效果更加完美，然后在工具选项栏中选中"内容识别"选项，系统自动补全空缺，调整完成后按"Enter"键确认校正，如图2-29所示。图2-30所示为使用"拉直"选项校正后的图像。

图2-29

图2-30

2.2.8 旋转图像

单击菜单栏"图像">"图像旋转"命令，打开的菜单中包含多个用于旋转或翻转整个图像的命令，如图2-31所示。图2-32所示为原图像，图2-33所示为执行"水平翻转画布"命令后的图像。

图2-31

图2-32

图2-33

2.3 图像的变换

在排版设计中，经常需要调整图像的大小、旋转角度，有时还需要对图像进行扭曲、变形等操作，这些都可以通过变换命令来实现。

2.3.1 使用"变换"命令

打开一个文件，选中需要进行变换操作的图像。单击菜单栏"编辑">"变换"命令，打开的子菜单中包含各种变换命令，如"缩放""旋转""斜切""扭曲""透视""变形"，如图2-34所示。选择其中任意一个命令后，图像进入变换状态，四周出现变换框，如图2-35所示。拖动变换框4个角点和4条边框的中心点，可以进行变换操作，完成变换后，按"Enter"键确认。

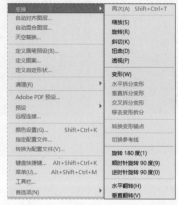

图2-34

图2-35

缩放　使用"缩放"命令时，直接拖动变换框的控制点可以等比例缩放图像；按住"Alt"键并拖动变换框的控制点，能以中心点为基准进行等比例缩放，如图2-36所示；按住"Shift"键并拖动上、下、左、右边框上的控制点，能纵向或横向放大或缩小图像（即可以将图像拉高或拉宽），但是修改后会造成图像变形，需谨慎使用。

图2-36

旋转　选择该命令后将鼠标指针移动至变换框4个角点处的任意一个控制点上，当其呈↰状后，拖动鼠标即可进行旋转，如图2-37所示。

图2-37

💡**提示**　在Photoshop中，"变换"命令与"自由变换"命令的功能基本相同。使用"自由变换"命令更方便，直接按"Ctrl+T"组合键，即可执行自由变换操作。

斜切　在变换状态下，单击鼠标右键，在弹出的快捷菜单中单击"斜切"命令，拖动4条边框的中心点，可以在水平或垂直方向上对图像进行扭曲，如图2-38所示；拖动变换框4个角的控制点，可以在水平或垂直方向上单独控制角点位置，如图2-39所示。

图2-38

图2-39

扭曲 在变换状态下，单击鼠标右键，在弹出的快捷菜单中单击"扭曲"命令，拖动变换框4条边的中心点，可以进行扭曲，图2-40所示为拖动上、下边框控制点进行水平方向上的扭曲的效果；拖动变换框4个角的控制点，可以自由控制角点的位置，如图2-41所示。

图2-40

图2-41

透视 在变换状态下，单击鼠标右键，在弹出的快捷菜单中单击"透视"命令，拖动控制点即可产生透视效果，如图2-42所示。

图2-42

变形 在变换状态下，单击鼠标右键，在弹出的快捷菜单中单击"变形"命令。在工具选项栏中，单击"拆分"右侧的按钮，可以增加控制点，例如单击"垂直拆分变形"之后，会出现一条垂直的线，拖动控制点或方向线即可进行变形操作，如图2-43所示。还可以在工具选项栏中，选择一个合适的形状并设置相关参数，然后进行变形操作，如图2-44所示。

图2-43

图2-44

💡**提示** 使用"旋转180度""顺时针旋转90度""逆时针旋转90度""水平翻转""垂直翻转"命令时，软件会直接对图像进行以上变换，而不显示变换框。

2.3.2 课堂案例：制作倾斜样式

在一些杂志或海报上，经常会看到画面中的文字或者图片是倾斜着的，这样的画面充满了强烈的动感，能吸引观者的注意。下面以对一个化妆品海报中的美肤产品进行旋转操作为例，介绍"旋转"命令的使用方法。

01 打开素材文件，如图2-45所示，画面中的部分文字是倾斜的，为了使画面更活跃，下面使用"旋转"命令对美肤产品进行旋转操作。

图2-45

02 选中"美肤产品"图层，单击菜单栏"编辑"＞"变换"＞"缩放"命令或按"Ctrl+T"组合键，美肤产品四周出现变换框，如图2-46所示。

图2-46

03 将鼠标指针移至变换框外，当鼠标指针呈状时，拖动鼠标即可进行旋转，如图2-47所示。完成变换后，按"Enter"键确认。

图2-47

04 将鼠标指针移至变换框内，当鼠标指针呈状时，拖动鼠标可以移动图像，如图2-48所示。

图2-48

05 移动图像至适当位置后按"Enter"键确认，如图2-49所示。

图2-49

2.3.3 课堂实训：制作1英寸证件照

很多场合会用到1英寸证件照（25毫米×35毫米，JPG格式，20KB以下），如果手头只有一张半身正面照，如何把它制作成1英寸证件照呢？制作前后的对比效果如图2-50所示。

操作思路 分两步制作：①使用裁剪工具按特定尺寸进行裁切；②以"存储为Web所用格式"的方式存储照片，将照片限制在20KB以内。

原图

1英寸证件照

图2-50

2.3.4 课堂案例：使用"内容识别缩放"命令将图片变宽

想要将普通画幅图片变成宽幅图片，直接使用"缩放"命令拉宽画幅会导致图像变形，那么此时可以使用"内容识别缩放"命令。这个命令不会影响重要可视内容区域中的像素，例如在缩放图像时，其中的人物、建筑、动物等不会变形。单击菜单栏"编辑">"内容识别缩放"命令，图像出现变换框，该命令的使用方法和"变换"子菜单中的"缩放"命令基本一样。在设计旅游画册内页时，根据版式要求，需要一张宽幅海边人物照片，但手头只有一张常规尺寸的风景人物照片，如何将它处理成宽幅照片呢？具体操作步骤如下。

01 打开素材文件"风景人物"并将它添加到"旅游画册内页"中，如图2-51所示。

02 先尝试使用"缩放"命令拉伸画面。选择风景人物所在的图层，单击菜单栏"编辑">"变换">"缩放"命令或按"Ctrl+T"组合键，出现变换框，将鼠标指针放到变换框上，按住"Shift"键的同时按住鼠标左键，向右拖动右边框上的控制点，可以看到图像所有区域的拉伸是均匀的，照片中的人物已经变形，如图2-52所示。因此不能使用该命令拉伸照片。

图2-51

03 按"Esc"键，取消自由变换操作，将图像恢复到未拉伸状态。单击菜单栏"编辑">"内容识别缩放"命令，出现变换框，按住"Shift"键并向右拖曳变换框将画幅拉宽，可以看到作为主体的人物未发生形状改变情况，而背景的天空和水面被自然地拉伸，如图2-53所示。按"Enter"键确认操作，效果如图2-54所示。

图2-52

图2-53

图2-54

> 💡 **提示**　"内容识别缩放"命令不能处理背景图层。若要对背景图层进行操作，则需要先将背景图层转换为普通图层，转换方法是双击背景图层。

2.3.5　课堂案例：使用透视剪裁工具处理图像

使用透视剪裁工具 ▦.可以将具有透视畸变的图像平面化，如画展上拍摄的作品、拍摄的证件和牌匾等。

01 打开素材文件，如图2-55所示，这是一个在影展中拍摄的作品，由于展品悬挂位置过高或拍摄位置不佳，因此拍摄出的画面有畸变情况。

02 单击工具箱中的透视裁剪工具，在画框4个角的位置单击（以十字中心为基点），在操作过程中会出现辅助网格线及辅助点，完成点与四角对齐的操作，如图2-56所示。

图2-55

图2-56

03 如果4个点的定位不够精准，可以移动网格的点或线做进一步调整，以确保网格与边框严密贴合，如图2-57所示。这时只需在画面中双击鼠标即可进行确认操作，完成的平面化效果如图2-58所示。虽然通过透视剪裁工具处理了透视畸变的问题，但画面的边框不够平直，下面使用"变形"命令手动拉直边框。

图2-57

图2-58

04 在对画面进行变形操作之前，将背景图层转换为普通图层，如图 2-59所示。此时才可以执行"变形"操作。

05 单击菜单栏"编辑">"变换">"变形"命令，出现变换框，在变换框上拖动控制点或边框线，使画面边框变平直，如图2-60所示。

图2-59

06 按"Enter"键确认操作，调整后的效果如图2-61所示。

图2-60

图2-61

2.3.6 课堂案例：使用"液化"滤镜为人物塑形

"液化"滤镜用于改变图片中像素的位置，对像素进行变形，从而达到调整图像形状的目的。它的使用方法简单，但功能非常强大，能实现推拉、扭曲等效果。在对人物五官、人物身形及景物照片中某些图像形状进行编辑时，通常会使用"液化"滤镜来进行修饰。

打开一张图片，单击菜单栏"滤镜">"液化"命令，打开"液化"对话框，如图2-62所示。

图2-62

向前变形工具 在画面中按住鼠标左键并拖动，可以向前推动像素。

重建工具 用于还原变形的图像。在变形区域单击或涂抹，可以将其恢复原状。

平滑工具 在画面中按住鼠标左键并拖动，可以将不平滑的边界区域变得平滑。

顺时针旋转扭曲工具 按住鼠标左键并拖动可以顺时针旋转像素。按住"Alt"键进行操作，则可以逆时针旋转像素。

褶皱工具 按住鼠标左键并拖动可以使像素向画笔区域的中心移动，使图像产生内缩效果。

膨胀工具 按住鼠标左键并拖动可以使像素向画笔区域中心以外的方向移动，使图像产生向外膨胀的效果。

左推工具 按住鼠标左键向上拖动时像素会向左移动。反之，像素向右移动。

冻结蒙版工具 在对图像局部进行处理时，有可能相邻的部分也被液化了，为了不影响这些相邻区域，就需要使用该工具把这些区域冻结。

解冻蒙版工具 使用该工具在冻结区域涂抹，可以将其解冻。

脸部工具 单击该工具，将鼠标指针移动至脸部的边缘，会显示控制点，如图2-63所示，然后拖动控制点可对脸部进行变形操作。

图2-63

下面以对一个眼霜广告中的模特进行五官、形体的修饰为例，讲解"液化"滤镜的具体应用。

01 打开的素材文件中的"产品模特"，该图片将用于眼霜广告设计中，从图中可以看到人物眼睛有点小，脸部、脖子略宽，如图2-64所示。

> 💡**提示** 对人物脸部进行液化时要遵循一些基本原则：保持人本身的特质，以"三庭五眼"为标准进行修饰。

图2-64

02 使用"人脸识别液化"选项为人物脸部塑形。单击菜单栏"滤镜">"液化"命令，打开"液化"对话框，❶单击对话框中"人脸识别液化"选项左侧的黑三角，显示"眼睛""鼻子""嘴唇""脸部形状"等组，可以对组中各选项进行单独控制。根据原图存在的问题，❷向右拖动"眼睛大小"滑块以增大数值，将眼睛调大；❸分别向左拖动"下颌"和"脸部宽度"滑块以减小数值，将下颌与脸部宽度缩小，效果如图2-65所示。

图2-65

03 使用向前变形工具把人物脖颈部分变细。单击"液化"对话框中的向前变形工具，在人物脖子左侧按住鼠标左键并向右拖动，将此处往内收一些，如图2-66所示。按相同方法将人物右侧的脖子往内收一些。

注意，在进行手动修形时，一定要把握住人本身的形体结构。使用向前变形工具要注意在调整较大弧度时可以将画笔大小调大，在调整较小弧度时可以将画笔大小调小，并且使用该工具时力度一定要适当。在"液化"对话框"画笔工具选项"组中，可以设置画笔大小、浓度和压力等。

图2-66

04 对人物做液化处理前后的效果如图2-67所示。将调整好的"产品模特"添加到眼霜广告中，如图2-68所示。

液化前  液化后

图2-67

图2-68

💡 **提示** **撤销错误操作**

在Photoshop中编辑图像时，如果出现失误或没有达到预期效果，不必担心，因为在对图像进行编辑时Photoshop会记录下所有的操作步骤，使用一个简单命令就可以轻松地撤销操作，回到之前的状态。单击菜单栏"编辑" > "还原"命令或按"Ctrl+Z"组合键，可以撤销最近的一次操作，还原到上一步的编辑状态；连续按"Ctrl+Z"组合键，可以连续进行撤销操作。如果要取消撤销操作，可以单击菜单栏"编辑" > "重做"命令或按"Shift+Ctrl+Z"组合键；连续按"Shift+Ctrl+Z"组合键，可以连续取消撤销操作。

2.4 课后习题

在制作大型户外广告时，当广告作品设计完成后，通常会制作一个实景展示效果给客户看，使客户能够直观地感受到广告的效果。可以拍摄一张广告投放场地的照片，将制作好的平面图放在其中，效果如图2-69所示。

操作思路 分3步制作：①使用移动工具将"运动饮料宣传广告"添加到"大型灯箱"中；②使用"缩放"命令调整图像的大小；③使用"扭曲"命令使"运动饮料宣传广告"与广告牌贴合。

图2-69

第 **3** 章

图层的应用

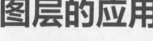

本章内容导读

图层是Photoshop的核心功能之一，Photoshop中几乎所有的操作都是在图层上进行的，所以在学习其他操作之前，必须要理解图层的原理，并熟练掌握图层的基本操作。

重要知识点

- 图层的原理。
- "图层"面板和图层的类型。
- 图层的选择、新建、复制、合并、删除、移动等操作。
- 图层不透明度的设置与应用。
- 图层混合模式的设置与应用。
- 图层样式的使用方法。

学习本章后，读者能做什么

通过对本章的学习，读者将掌握图层的基本应用，为后面的学习奠定基础，能够完成图像的移动、对齐和分布操作，还可以通过控制图层不透明度确定广告设计中主体、配体与背景之间的关系，能制作广告设计、摄影后期处理中所需要的多个图层的混合效果，能设计各种海报、包装、网店主图中所需要的图层样式。

3.1 图层的基础知识

下面讲解图层的基础知识。

3.1.1 图层的原理

在Photoshop中，一个个图层按顺序上下层叠在一起，组合起来形成最终图像。可以将每一个图层想象成一张透明玻璃纸，每张透明玻璃纸上都有不同的内容，透过上面的玻璃纸可以看见下面玻璃纸上的内容，在一张玻璃纸上面任意涂画都不会影响其他的玻璃纸，上面一层玻璃纸上的图像会遮挡住下面玻璃纸上的图像，调整各层玻璃纸的相对位置、添加或删除玻璃纸都可改变最终的图像效果，如图3-1所示。

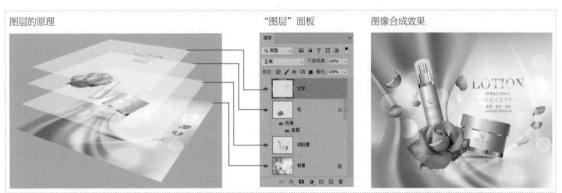

图3-1

3.1.2 "图层"面板

"图层"面板用于创建、编辑和管理图层。"图层"面板中包含了文件中所有的图层、图层组和效果。默认状态下，"图层"面板处于开启状态，如果工作界面中没有显示该面板，单击菜单栏"窗口">"图层"命令，即可打开"图层"面板，如图3-2所示。

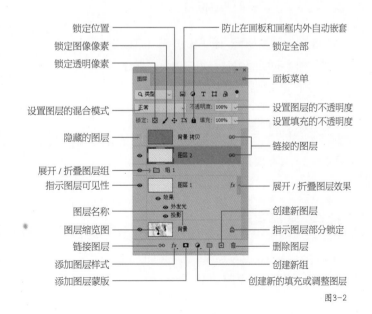

图3-2

图层锁定按钮 锁定：⊠ ✐ ✛ ⊡ 🔒 用来锁定当前图层的属性，使其不可编辑，包括"锁定透明像素"⊠、"锁定图像像素"✐、"锁定位置"✛、"防止在画板和画框内外自动嵌套"⊡、"锁定全部"🔒。

指示图层部分锁定 🔒 当图层名称后面出现 🔒 图标时，表示该图层的部分属性被锁定。

"设置图层的混合模式"按钮 正常 ⌄ 用来设置当前图层与其下方图层的混合方式，从而产生不同的图像效果。

"指示图层可见性"按钮 👁 若图层缩览图前有"眼睛"图标，则该图层为可见图层；反之则表示该图层已隐藏。

"展开 / 折叠图层组"按钮 〉 单击该按钮，可以展开或折叠图层组。

图层名称 双击图层的名称，在文本框中输入新名称，即可重命名图层。

图层缩览图 缩略显示图层中包含的图像内容。其中，棋盘格区域表示图像的透明区域，而非棋盘格区域表示具有图像的区域。

"面板菜单"按钮 ☰ 单击该按钮，可以打开"图层"面板的面板菜单，用户也可以通过面板菜单中的命令对图层进行编辑。

不透明度 用于设置图层的不透明度。

填充 用于设置填充的不透明度。

"展开 / 折叠图层效果"按钮 ^ 单击该按钮，可以展开图层效果列表，显示当前图层添加的所有效果的名称，再次单击可以折叠图层效果列表。

"链接图层"按钮 ∞ 当选中两个或多个图层后，单击该按钮，所选的图层会被链接在一起（图层链接后图层名称后面出现 ∞ 图标），在对其中一个链接图层进行旋转、移动等操作时，其他被链接的图层也会随之发生变化；选中已链接的图层后，再单击 ∞ 按钮，可以将所选中的图层取消链接。

"添加图层样式"按钮 fx. 可以为当前图层添加样式效果，如投影、发光、描边、斜面和浮雕等。

"添加图层蒙版"按钮 ▢ 可以为当前图层添加蒙版。蒙版用于遮盖图像内容，从而控制图层中的显示内容，但不会破坏原始图像，详细介绍见第 9 章。

"创建新的填充或调整图层"按钮 ◕. 单击该按钮，在弹出的下拉列表中可以选择创建填充图层或调整图层。

"创建新组"按钮 ▢ 单击该按钮，可以创建一个图层组。一个图层组可以容纳多个图层。

"创建新图层"按钮 ▢ 单击该按钮，可以创建一个新图层。

"删除图层"按钮 🗑 选中图层或图层组后，单击该按钮可以将其删除。

3.1.3 图层的类型

在Photoshop中，可以创建不同类型的图层，这些不同类型的图层有不同的功能和用途，在"图层"面板中的显示状态也各不相同，如图3-3所示。

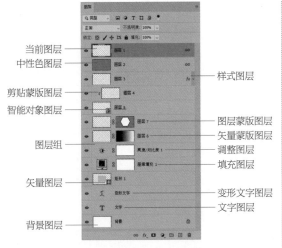

图3-3

当前图层 —
中性色图层 —
剪贴蒙版图层 —
智能对象图层 —
图层组 —
矢量图层 —
背景图层 —
— 样式图层
— 图层蒙版图层
— 矢量蒙版图层
— 调整图层
— 填充图层
— 变形文字图层
— 文字图层

当前图层 当前正在编辑的图层。只能有一个当前图层，在"图层"面板中单击需要编辑的图层，即可使该图层变为当前图层。

中性色图层 填充了中性色并预设了混合模式的特殊图层，可用于承载滤镜功能，也可用于绘画。该图层经常用于摄影后期处理。

剪贴蒙版图层 蒙版的一种，可以通过一个图像的形状控制其他多个图层中图像的显示内容，具体使用方法见第9章。

智能对象图层 包含栅格或矢量图像中的图像数据的图层。与普通图层的区别在于，智能对象图层可保留图像的原始内容及原始特性，防止用户对图层执行破坏性编辑。

图层蒙版图层 可以通过遮盖图像内容来控制图层中图像的显示内容。蒙版的使用方法详见第9章。

图层组 用来组织和管理图层，便于用户查找和编辑图层。

矢量图层 包含矢量形状的图层，具体使用方法见第7章。

背景图层 在新建文件或打开图像文件时自动创建的图层。它位于图层列表的最下方，且不能被编辑。双击背景图层，在弹出的对话框中单击"确定"按钮，即可将背景图层改成普通图层。

样式图层 包含图层样式的图层，图层样式可用于创建特效，如投影、描边、发光、斜面和浮雕效果等。

矢量蒙版图层 不会因放大或缩小操作而影响清晰度的蒙版图层，具体使用方法见第7章。

调整图层 用户自主创建的图层。该类型的图层可用于调整图像的亮度、色彩等，不会改变原始像素值，并且可以重复编辑，具体使用方法见第5章。

填充图层 用于填充纯色、渐变和图案的特殊图层。

变形文字图层 进行变形处理后的文字图层，具体使用方法见第8章。

文字图层 用文字工具输入文字时自动创建的图层，具体使用方法见第8章。

3.2 图层的基本操作

图层的基本操作主要包括新建图层、选择图层、调整图层的顺序、重命名图层、删除图层、显示图层与隐藏图层和复制图层等。

3.2.1 新建图层

单击"图层"面板中的"创建新图层"按钮 ⊞，即可在当前图层的上方创建一个新图层，如图3-4所示。如果要在当前图层的下方创建一个新图层，可以按住"Ctrl"键并单击"创建新图层"按钮。

图3-4

3.2.2 选择图层

选择一个图层 单击"图层"面板中的某个图层，即可选中该图层，选中的图层为当前图层（当前图层有且只有一个），如图 3-5 所示。

选择多个图层 要选择多个相邻的图层，❶单击第一个图层，❷按住"Shift"键并单击最后一个图层，如图 3-6 所示；要选择多个不相邻的图层，只需按住"Ctrl"键并逐一单击需要的图层即可，如图 3-7 所示。

图3-5　　　　　　图3-6　　　　　　图3-7

选择所有图层 单击菜单栏"选择">"所有图层"命令，如图 3-8 所示，即可选中"图层"面板中除背景图层之外的所有图层，如图 3-9 所示。

取消选择图层 若不想选择任何图层，可以单击"图层"面板底部的空白处，如图 3-10 所示。

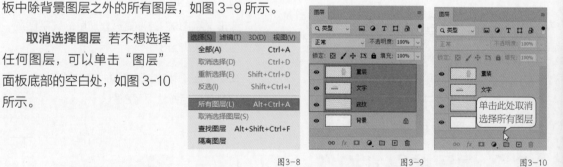

图3-8　　　　　　图3-9　　　　　　图3-10

3.2.3 调整图层的顺序

在"图层"面板中，图层是按照创建的先后顺序排列的。将一个图层拖动到另外一个图层的上面（或下面），即可调整图层的顺序。改变图层的顺序会影响图像的显示效果，在设计过程中经常需要调整图层的顺序。

下面将香水广告中的"水花"图层调整到合适的位置，具体操作方法如下。

01 打开香水广告文件，可以看到香水瓶挡住了水花，在"图层"面板中选中"香水"图层，将其拖动到"水花"图层的下方，如图3-11所示。

图3-11

02 释放鼠标左键后即可完成图层顺序的调整。此时画面呈现出了香水瓶掷入水中溅起水花的效果，如图3-12所示。

图3-12

> **💡提示** 调整图层顺序的快捷方法：选中一个图层后，按"Ctrl+]"组合键，可以将当前图层向上移一层；按"Ctrl+["组合键，可以将当前图层向下移一层。

3.2.4 重命名图层

选中一个图层，单击菜单栏"图层">"重命名图层"命令，或双击该图层的名称，即可对图层进行重命名，如图3-13所示。

图3-13

3.2.5 删除、显示与隐藏图层

在使用Photoshop编辑或合成图像时，若有不需要的图层，可以将其删除。选中图层后单击"删除图层"按钮 🗑 ，即可删除该图层，如图3-14和图3-15所示。此外，将图层拖动到"图层"面板中的"删除图层"按钮上，可以快速删除图层。

图3-14　　　　　　图3-15

当处理含有多个图层的文件时，为了查看特定的效果，常常需要显示或者隐藏图层。图层缩览图前面的"指示图层可见性"图标 👁，可以用来控制图层是否可见。有该图标的图层为可见图层，如图3-16所示；无该图标的图层为隐藏图层，如图3-17所示。单击 👁 或方块区域▢可以使图层在显示和隐藏状态之间切换。

图3-16　　　　　　　　　　　　　　　　　　　　　　　　　　　图3-17

3.2.6　复制图层

使用 Photoshop 处理图像时，经常会用到复制图层功能。例如在摄影后期处理中，为了保证原始图层中的图像不被破坏，通常需要复制一个图层，然后在这个副本图层上进行调整。

单击"图层"面板中的▤按钮，在弹出的下拉菜单中单击"复制图层"命令，在弹出的"复制图层"对话框中为图层命名，然后单击"确定"按钮即可完成复制图层的操作，如图3-18和图3-19所示。此外，选中图层后按"Ctrl+J"组合键可以快速复制图层。

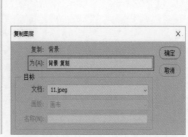

图3-18　　　　　　　　　　　　　　　　　　　　　　　　　图3-19

3.2.7　移动图像并复制图层

在排版设计时，将素材文件添加到当前文件后，通常需要对图像的位置进行调整。要调整图层中图像的位置，可以使用工具箱中的移动工具来完成。

使用移动工具移动图像时，按住"Alt"键并拖动图像，此时鼠标指针呈 ▶️状，可以复制图层，如图3-20所示。

按住"Alt"键并拖动

图3-20

💡 提示　在使用移动工具移动图像的过程中，按住"Shift"键可以使其沿水平或垂直方向移动。

💡 提示　**如何快速选中画面中图像所在的图层**

在移动工具的工具选项栏中选中"自动选择"选项，如果文件中包含多个图层或图层组，那么可以在它后面的下拉列表中选择要移动的对象。如果选择"图层"选项，使用移动工具在画面中单击后，会自动选中鼠标单击处图像所在的最顶层的图层；如果选择"组"选项，使用移动工具在画面中单击后，会自动选中鼠标单击处图像的最顶层的图层所在的图层组，如图3-21所示。

图3-21

3.2.8 在不同文件之间复制图层

使用移动工具可以将一个文件中的一个或多个图层复制到另一个文件中。在一个文件中选中需要复制的图层，按住鼠标左键并向右侧拖动，将其拖动到另一个文件中，如图3-22所示，释放鼠标左键即可将图层复制到该文件中，如图3-23所示。

图3-22

图3-23

3.2.9 用图层组管理图层

在 Photoshop 中设计或编辑图像时，有时候用的图层数量会很多，尤其在设计网页时，超过100个图层也是常见的。这就会导致查找图层很不方便。

可以使用图层组管理图层，将图层按照不同的类别放在不同的组中。折叠图层组后，"图层组"标签只占用一个图层标签的位置。另外，可以对图层组像对普通图层一样进行移动、复制、链接、重命名等操作。

创建图层组 单击"图层"面板中的"创建新组"按钮，可以创建一个空白图层组，如图3-24所示。创建新图层组后，可以在图层组中创建图层。选中图层组后单击"图层"面板中的"创建新图层"按钮，新建的图层即位于该图层组中，如图3-25所示。

图3-24　　　　　　　　　　图3-25

将现有图层编组 如果要将现有的多个图层进行编组，可以选中这些图层，如图3-26所示，然后单击菜单栏"图层">"图层编组"命令或按"Ctrl+G"组合键对其进行编组，如图3-27所示。

单击图层组的"展开/折叠图层组"按钮，可以展开或折叠图层组，如图3-28所示。

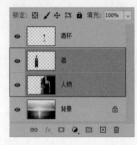

图3-26　　　　　　　　图3-27　　　　　　　　图3-28

将图层移入或移出图层组 将"图层"标签拖入"图层组"内，即可将图层移入该图层组中；将图层组中的图层拖到图层组外，即可将其从该图层组中移出。

删除图层组 选中要删除的图层组，单击"删除图层"按钮，此时会弹出一个警告提示对话框，单击"仅组"按钮，可以取消图层编组，但会保留图层；单击"组和内容"按钮，可以删除图层组和其中的图层。此外，将图层组拖动到"图层"面板中的"删除图层"按钮上也可以进行删除图层组的操作。

> **相关链接** 默认情况下，图层组的混合模式是"穿透"，表示图层组不产生混合效果。如果选择其他混合模式，则组中的图层将以该选中的混合模式与下面的图层混合。关于图层混合模式的应用见3.5节。

3.2.10 合并图层与盖印图层

1. 合并图层

图层、图层组和图层样式等都会占用计算机的内存和临时存储空间，数量越多，占用的资源也就越多，从而导致计算机运行速度降低，这时可以将相同属性的图层合并。

合并图层 在"图层"面板中选中需要合并的图层，单击菜单栏"图层">"合并图层"命令或按"Ctrl+E"组合键即可合并图层，合并后的图层使用的是最上面图层的名称。

拼合图像 用于将所有图层都合并到"背景"图层中。单击菜单栏"图层">"拼合图像"命令，即可合并所有图层。

2. 盖印图层

盖印图层是指将多个图层中的内容合并到一个新图层中，而原有图层的内容保持不变。这样做的好处是，如果用户觉得处理的效果不太满意，可以删除盖印的图层，之前完成处理的图层依然还在，这在一定程度上可节省图像处理的时间。盖印图层常用在绘画和摄影后期处理中。

盖印多个图层 选中多个图层，如图 3-29 所示。按"Ctrl+Alt+E"组合键，可以将所选图层盖印到一个新的图层中，原有图层的内容保持不变，如图 3-30 所示。

盖印可见图层 可见图层如图 3-31 所示，按"Shift+Ctrl+Alt+E"组合键，可将所有可见图层中的图像盖印到一个新图层中，原有图层的内容保持不变，如图 3-32 所示。

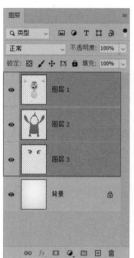

图3-29

图3-30

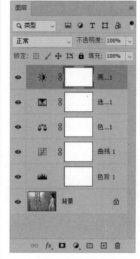

图3-31

图3-32

3.3 对齐图层与分布图层

在排版设计过程中，需要将海报中的图片或文字，网页、手机界面中的按钮或图标等对象有序排列。手动排列很难做到位置准确，这时可以使用Photoshop的对齐与分布功能快速地、精准地排列对象。

3.3.1 对齐图层

使用对齐功能可以对齐不同图层中的多个对象。在对图层进行操作前，❶先要选择图层，❷然后单击工具箱中的移动工具，❸在工具选项栏中单击某个对齐按钮 （从左到右依次是"左对齐"按钮、"水平居中对齐"按钮、"右对齐"按钮、"顶对齐"按钮、"垂直居中对齐"按钮和"底对齐"按钮），即可进行相应的对齐，这里单击"垂直居中对齐"按钮 ，如图3-33所示，对齐后的效果如图3-34所示。

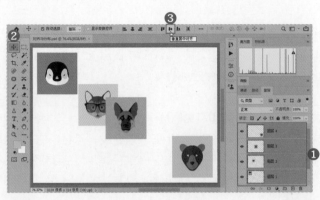

图3-33　　　　　　　　　　　　　　　　　　　图3-34

3.3.2 分布图层

对齐对象后，怎样让每个对象之间的距离相等？使用分布功能可以让不同图层上的对象进行均匀分布，即得到对象与对象之间的距离相等的效果（分布图层至少需要3个图层才有意义）。

在工具选项栏中单击 ⋯ 按钮，弹出的下拉面板中显示了全部分布按钮 ▀ ▀ ▀ ▌▌ ▐▐ ▐▌（从左到右依次是"按顶分布"按钮、"垂直居中分布"按钮、"按底分布"按钮、"按左分布""按钮、水平居中分布"按钮和"按右分布"按钮）和分布间距按钮 ▀ ▐▌（从左到右依次是"垂直分布"按钮和"水平分布"按钮）。

分布按钮主要用来操作同一大小的对象，而分布间距按钮则不要求对象大小一致。例图中的图像大小相等，单击"水平居中分布"按钮 ▐▌ 或"水平分布"按钮 ▐▌，都可以使图像之间的距离相等，如图3-35和图3-36所示。

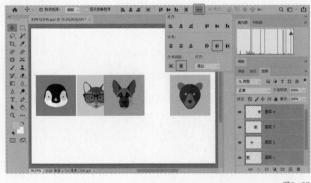

图3-35　　　　　　　　　　　　　　　　　　　图3-36

3.3.3 课堂案例：对齐海报中的元素

在版面的编排中，有一些元素必须要进行对齐，如版面中的文字、按钮、图案等。那么如何快速、精准地对齐呢？下面以对齐洗衣液海报中的元素为例进行讲解，具体操作步骤如下。

01 打开洗衣液海报文件，从画面中可以看到椭圆和它上方的文字没有对齐，版面不太美观，如图3-37所示。下面对画面中的椭圆和文字进行对齐操作。

图3-37

02 选中3个椭圆及它们上方的文字所在的图层，如图3-38所示，在移动工具的工具选项栏中单击"顶对齐"按钮，此时所有选定图层会以顶端为基准对齐，如图3-39所示。

图3-38

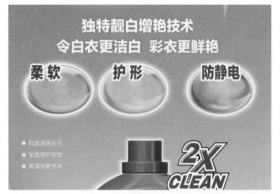

图3-39

03 选中蓝色椭圆与"柔软"文字所在的图层，如图3-40所示，在移动工具的工具选项栏中分别单击"水平居中对齐"按钮和"垂直居中对齐"按钮，此时文字会位于蓝色椭圆中心，如图3-41所示。

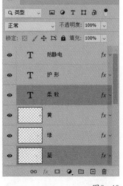

图3-40

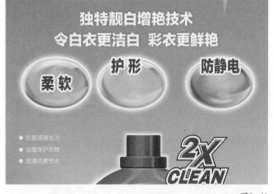

图3-41

04 选中"柔软""护形""防静电"文字所在的图层，如图3-42所示。在移动工具的工具选项栏中单击"底对齐"按钮，此时所有选定图层会以底端为基准对齐，如图3-43所示。

图3-42

图3-43

05 选中3个椭圆所在的图层，如图3-44所示，在移动工具的工具选项栏中单击"水平居中分布"按钮，所选图层会从每个图层的水平中心开始，间隔均匀地分布，如图3-45所示。

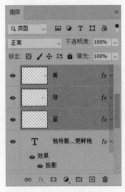

图3-44

图3-45

06 将绿色椭圆与"护形"文字进行垂直居中对齐，将黄色椭圆与"防静电"文字进行垂直居中对齐，完成椭圆与文字的对齐与分布操作，如图3-46所示。

图3-46

3.3.4 课堂实训：对齐相册模板中的照片

设计一款影楼相册模板，要在该版面中放置多张照片，如何快速让照片排列得整齐、统一呢？

操作思路 分3步制作：①选中右端的3张照片，先进行右对齐操作，再进行垂直分布操作；②选中底端的3张照片，先进行底对齐操作，再进行水平分布操作；③选中水平方向中间的两张照片进行顶对齐操作，选中垂直方向中间的两张照片进行右对齐操作。

制作前后的对比效果如图3-47所示。

原图

效果

图3-47

3.4 图层不透明度的应用

在Photoshop中，可以对每个图层进行不透明度的设置。对顶部图层设置半透明的效果，就会显示出它下方图层的图像内容。使用"图层"面板中的"不透明度"和"填充"选项，可以调整图层的不透明度。

"不透明度"用于调整图层中的图像、图层样式和混合模式的不透明度。"填充"与"不透明度"功能相似，但不能用于调整图层样式。在选项后输入数值可以调整图层的不透明度，数值越低，图像越透明。例如，对一个带有图层样式的图层设置不透明度，选中"夏日 新品"图层（白色为图层样式），分别设置"不透明度"和"填充"的数值为0%，效果如图3-48所示。关于图层样式的详细介绍见3.6节。

原图

"不透明度"的数值为 0%

"填充"的数值为 0%

图3-48

3.5 图层混合模式的应用

图层的混合模式决定了当前图层与它下方图层的混合方式，设置不同的混合模式可以加深或减淡图像的颜色，从而制作出特殊效果。

打开一个PSD格式的文件，在"图层"面板中选中一个图层，单击"设置图层的混合模式"按钮，弹出图3-49所示的下拉列表，选择其中任一选项即可为图层设置混合模式。默认情况下，图层的混合模式为"正常"。 混合模式分为6组，每组通过横线隔开，分别为组合模式组、加深模式组、减淡模式组、对比模式组、比较模式组和色彩模式组。同一组中的混合模式效果相似或用途相近。

对于组合模式组中的混合模式，需要降低当前图层的不透明度效果才明显。

加深模式组中的混合模式主要通过过滤当前图层中的亮调像素，达到使图像变暗的目的。当前图层中的白色像素不会对下方图层产生影响，比白色暗的像素会加深下方图层中的像素。该模式组中混合模式的效果基本相似，只是变暗程度不一样。

减淡模式组中的混合模式主要通过过滤当前图层中的暗调像素，达到使图像变亮的目的。当前图层中的黑白色像素不会对下方图层产生影响，比黑色亮的像素会加亮下方图层中的像素。该模式组中混合模式的效果基本相似，只是变亮程度不一样。

对比模式组中的混合模式用于增加下方图层中图像的对比度。在混合时，如果当前图层是 50% 灰色（50% 灰色对应的色值为"RI28 GI28 BI28"，也叫中性灰），就不会对下方图层产生影响；当前图层中亮度值高于 50% 灰色的像素，会使下方图层像素变亮；当前图层中亮度值低于 50% 灰色的像素，会使下方图层像素变暗。

比较模式组中的混合模式主要通过对上下图层进行比较，将相同的区域显示为黑色，不同的区域显示为灰色或彩色。如果当前包含白色，则与白色像素混合的颜色被反向，与黑色像素混合的颜色不变。

色彩模式组中的混合模式包含色彩三要素（色相、饱和度、明度），这些要素会影响图像的颜色和亮度。在使用色彩模式组中的混合模式合成图像时，会将色彩三要素中的一种或两种应用在图像中。

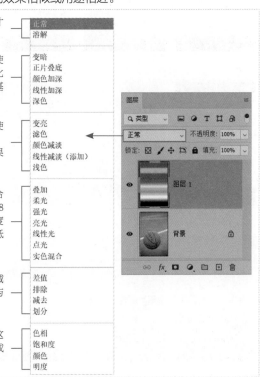

图3-49

接下来以调整"图层1"的混合模式为例，演示它与下方图层应用不同的图层混合模式产生的效果，如图3-50所示。

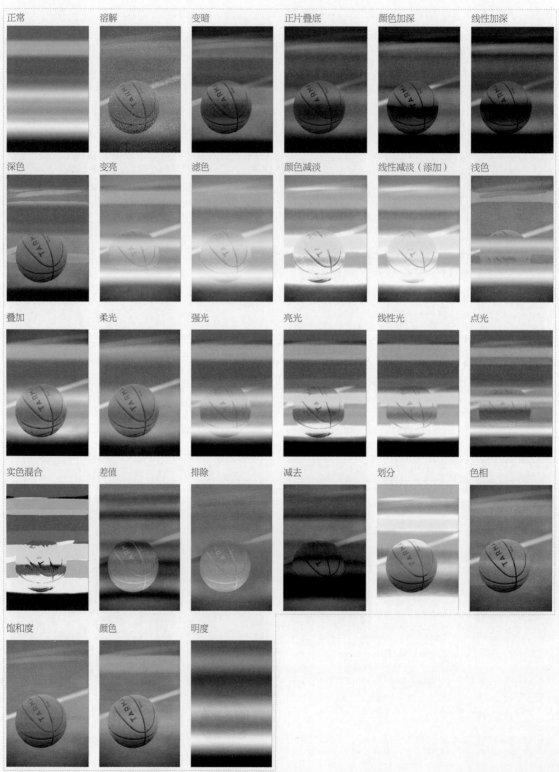

图3-50

💡 提示　在选中某一混合模式后，保持混合模式按钮处于选中状态，然后滚动鼠标滚轮，即可快速查看各种混合模式的效果。

3.5.1 课堂案例：制作女装网店主图

本案例主要利用"正片叠底"混合模式保留黑色而不保留白色的特性，快速将背景为白色的产品模特图与主图背景自然融合，具体操作步骤如下。

01 打开"女装模特素材"图片和"背景素材"图片，如图3-51和图3-52所示。将"女装模特素材"移入"背景素材"图片中，并将图层重命名为"人物"，按"Ctrl+J"组合键，得到"人物　拷贝"图层，单击该图层前面的眼睛图标将图层暂时隐藏，如图3-53所示。

图3-51　　　　　　　　　　　图3-52　　　　　　　　　　　　　　　　　　　　　　图3-53

02 将"人物"图层的混合模式设置为"正片叠底"。此时人物图片的白色背景消失，人物发丝自然地与主图背景融合，效果如图3-54所示。

图3-54

03 选择橡皮擦工具 ✎ ，擦除该图层右侧未融合好的痕迹。此时画面暗并且与背景有重叠部分，此时将"人物　拷贝"图层显示出来；使用橡皮擦工具将白色背景擦除掉，擦除过程注意该图层与背景图层的融合度。擦除后的效果如图3-55所示。添加相关的主题文字等设计元素，最终的设计效果如图3-56所示。

图3-55

图3-56

3.5.2 课堂案例：制作双重曝光效果

双重曝光是一个专业的摄影术语，指在同一张底片上进行多次曝光。由于它能呈现出一种特别的视觉效果，因此深受摄影爱好者的喜爱，不少相机自带双重曝光功能。那么，若相机没有这个功能，该如何实现这种效果？其实，在Photoshop中使用两张或多张图片，通过简单的几步操作也可以制作出双重曝光效果。在制作双重曝光效果时，画面要有预先的构想，需要有主次。例如制作人物和风景的双重曝光效果时，主体以人物为主的话，在选取风景图片时就要考虑风景的构图、色彩等要和人物造型搭配，并且混合后的画面效果不能杂乱无章。

本案例主要利用"滤色"混合模式能过滤当前图层的暗调像素这一特点，制作双重曝光效果。"滤色"混合模式与"正片叠底"混合模式产生的效果正好相反，它可以使图像产生漂白的效果，具体操作步骤如下。

01 打开人物图片和风景图片，如图3-57和图3-58所示，使用移动工具将风景图片拖曳到人物文件中，将风景图片的图层混合模式设置为"滤色"，如图3-59所示。

图3-57

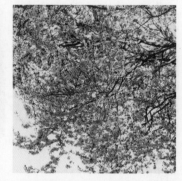
图3-58

图3-59

02 设置完成后，得到唯美的创意合成图像，如图3-60所示。

03 如果希望人物更清晰，可以选择橡皮擦工具，将"不透明度"的数值调小后，擦除人物五官处的风景，如图3-61所示。

图3-60 图3-61

3.5.3 课堂案例：制作冷色调效果

本案例主要利用"颜色"混合模式改变色调。"颜色"混合模式的特点：可将当前图层图像的色相和饱和度应用到下一图层图像中，而且不会修改下方图层的亮度。"颜色"混合模式会保留图像中的灰阶，在快速改变照片色调方面非常有用。下面将一张暖色调花卉图片处理成冷色调效果，具体操作方法如下。

01 打开一张花卉图片，如图3-62所示。

02 单击"图层"面板中的"创建新图层"按钮，创建一个新图层。选择渐变工具，填充由深蓝到浅蓝的渐变，设置该图层的混合模式为"颜色"，即可快速改变照片色调，如图3-63所示。

图3-62

图3-63

3.6 图层样式的应用

图层样式是添加在图层或图层组上的特殊效果，如浮雕、投影、描边、发光等。可以为图像单独添加一种样式，也可以为图像同时添加多种样式。图层样式在设计制图中应用非常广泛，如制作发光字、质感按钮和各种凹凸纹理效果等。

3.6.1 添加图层样式

❶选中需要添加图层样式的图层。❷单击"图层"面板下方的"添加图层样式"按钮，❸弹出的下拉列表中包含10种图层样式，单击某一种图层样式的名称，如图3-64所示。此时会弹出"图层样式"对话框，左侧为图层样式列表，单击某一种图层样式的名称，图层样式名称前面的复选按钮显示☑标记，表示图层中添加了该图层样式，并进

图3-64

入该图层样式的参数设置面板，调整好相应的设置后，单击"确定"按钮，即可为当前图层添加样式，如图3-65所示。可以看到图层右侧会显示 fx 图标和效果列表，单击⌃按钮可折叠效果列表，如图3-66所示。

图层样式的参数设置面板——

图层样式列表——

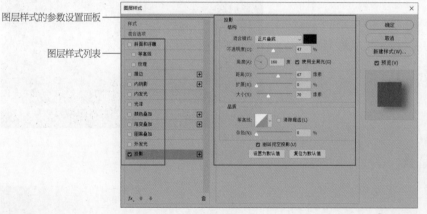

图3-65

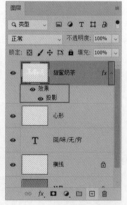

图3-66

💡提示　"图层样式"对话框左侧区域列出了10种图层样式，单击其中一种图层样式，对话框的右侧会显示与之对应的选项。此时该图层样式名称前的复选按钮有选中的标记☑，表示在图层中添加了该图层样式。如果要停用该图层样式，单击选中的标记即可。对一个图层可以添加多个图层样式，在左侧的图层样式列表中单击多个图层样式并分别对选项进行设置，即可在图层中添加多个图层样式。在"图层样式"对话框左侧的图层样式列表中，可以看到有的图层样式名称后方带有 🞥 按钮，表明该图层样式可以被多次添加；例如，为一个图层添加"描边"图层样式后，单击"描边"图层样式名称后的 🞥 按钮，在"图层样式"对话框左侧图层样式列表中会出现另一个"描边"图层样式，此时该图层添加了两个"描边"图层样式。

对图像应用不同的图层样式后，效果如图3-67所示。

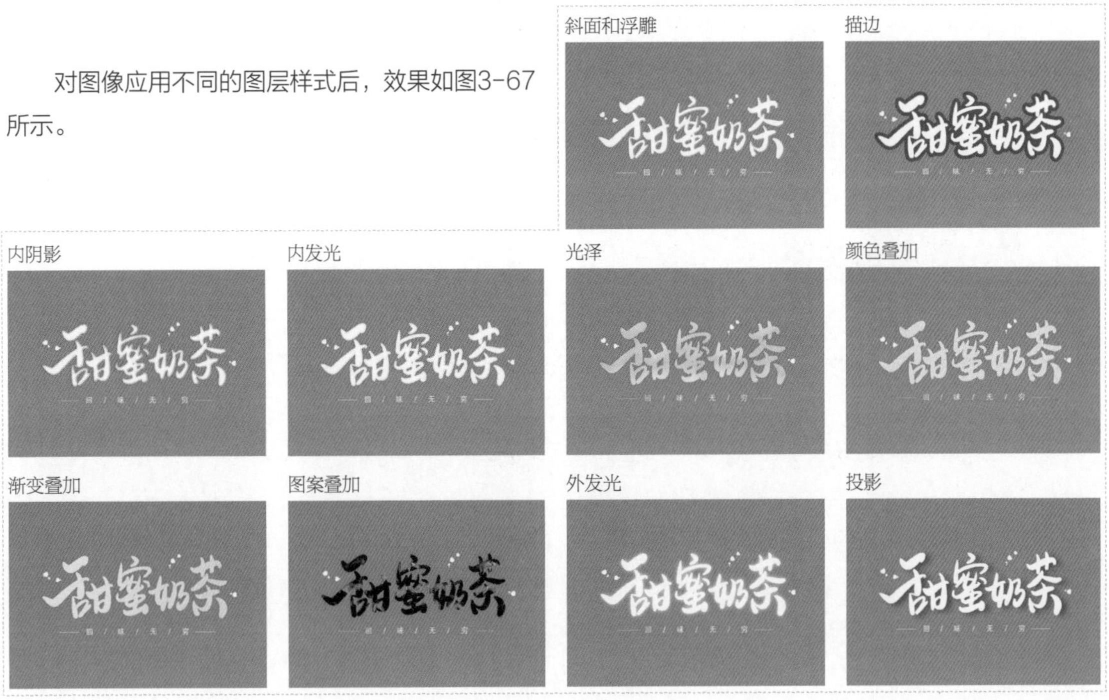
斜面和浮雕
描边
内阴影
内发光
光泽
颜色叠加
渐变叠加
图案叠加
外发光
投影

图3-67

3.6.2 课堂案例：使用“投影”图层样式为商品添加立体效果

“投影”图层样式是指在当前图层内容的后方生成投影，使图像看上去像是从画面中凸出来。它常用来制作物体的立体效果。下面以智能手表网页弹出广告为例，介绍“投影”图层样式的使用方法。

01 打开素材文件，如图3-68所示。可以看到画面中手表与画面背景颜色相近，手表没有凸显出来。此时可以为手表添加投影，将手表与背景区分开。

FASHION
WATCH
时尚腕表
新/品/惊/艳/上/市
限时抢购
10:09
Alarm
8:00AM

图3-68

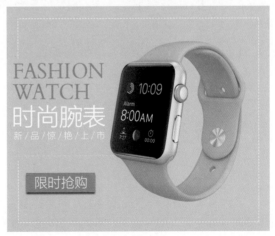

02 选中手表所在的图层，双击该图层名称后面的空白处，如图3-69所示，打开“图层样式”对话框，在该对话框的左侧选择要添加的图层样式，这里选择“投影”图层样式，对话框的右侧切换到该图层样式的参数设置面板。在该面板中可以对图层样式的颜色、大小、距离和角度等参数进行设置。在设置这些参数时，需要一边调整一边观察效果，以便得到想要的效果。最终该面板中的参数设置如图3-70所示。

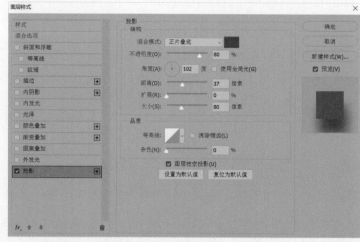

图3-69

图3-70

03 单击"确定"按钮后，图层右侧会显示 fx 图标和效果列表，如图3-71所示。单击 ∧ 按钮可折叠效果列表，如图3-72所示。为手表图层添加"阴影"图层样式后的效果如图3-73所示。

图3-71

图3-72

图3-73

下面介绍"投影"图层样式参数设置面板中常用选项的具体使用方法。

投影颜色 模拟光线投射到物体上产生的投影颜色，该颜色通常比物体本身暗一些。选择比物体本身颜色暗一点的相似颜色作为投影颜色，投影效果会更逼真。由于手表是浅蓝色，因此本例把投影颜色设置为一个较深的蓝色，色值为"R14 G70 B108"，如图3-74所示。

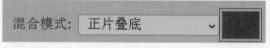

图3-74

混合模式 用于设置投影与下方图层的混合模式。本例选择默认的"正片叠底"混合模式，使用该混合模式可以使投影与其下方图像自然融合。当然，如果要制作其他特殊效果，可选用其他混合模式。

不透明度 如果设置的投影颜色太深，可以使用该选项减淡投影颜色。拖动滑块或输入数值可以调整投影的不透明度，数值越低，投影颜色越淡。可根据视觉效果调整其值，本例设置"不透明度"为80%。

大小 用于控制投影的模糊范围，数值越大，模糊范围越广，投影越模糊；数值越小，模糊范围越小，投影越清晰。可根据视觉效果进行调整，本例设置"大小"为80像素。图3-75所示为设置不同"大小"数值的对比效果。

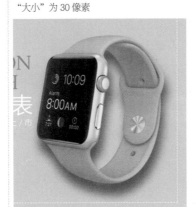
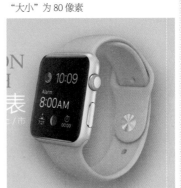

图3-75

扩展 设置完"大小"后再设置"扩展"，会使投影的清晰范围扩大；该数值越大，投影越清晰；当设置"大小"为0像素时，该选项不起作用。可根据视觉效果进行调整，本例设置"扩展"的数值为0（即默认值）。

距离 用于决定投影的偏移距离，数值越小，投影距物体本身越近，反之越远。可根据视觉效果进行调整，本例设置"距离"为37像素。图3-76所示为设置不同"距离"数值的对比效果。

图3-76

角度 用于控制光的照射方向，从而决定投影朝向哪个方向。可根据视觉效果进行调整，本例将"角度"设置为102度。图3-77所示为设置不同"角度"数值的效果对比。

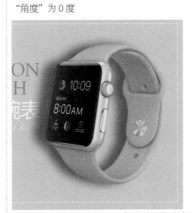

图3-77

04 绘制智能手表网页弹出广告下方的"限时抢购"按钮，并为其添加阴影，最终效果如图3-78所示。

图3-78

3.6.3 课堂案例：使用"渐变叠加"图层样式为图形添加渐变色

使用"渐变叠加"图层样式可以在当前图层上覆盖渐变颜色。例如制作智能开关开启状态时，通常会将按钮制作为发亮显示，为了模拟发亮效果，此时可以为按钮添加一个由浅到深再到浅的渐变色，使其在视觉上像是发光的状态。下面以智能开关广告为例，介绍"渐变叠加"图层样式的使用方法。

01 打开素材文件，如图3-79所示。

02 选中"玫红圆角矩形"图层，双击该图层名称后面的空白处，如图3-80所示，打开"图层样式"对话框。在该对话框的左侧选择"渐变叠加"图层样式，对话框的右侧切换到该图层样式的参数设置面板。在该面板中对渐变颜色、混合模式、角度和缩放等参数进行设置，如图3-81所示。添加"渐变叠加"图层样式后的效果如图3-82所示。

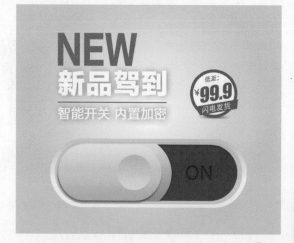

图3-79

图3-80

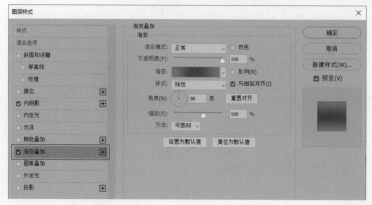

图3-81

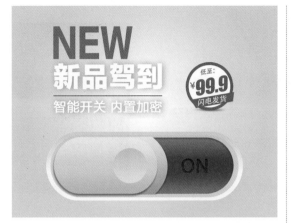

图3-82

下面介绍"渐变叠加"图层样式参数设置面板中常用选项的具体使用方法。

渐变 单击"渐变"右方的渐变颜色条 ，可以打开"渐变编辑器"对话框，在该对话框中可根据需要设置相应的渐变颜色。本例为使按钮呈现由浅到深再到浅的平滑过渡的发光效果，在渐变颜色条上设置了3个色标，因为在添加"渐变叠加"图层样式前，广告中的颜色已经搭配好了，所以中间的色标颜色就设置为开关按钮右边玫红圆角矩形的颜色，两侧的色标设置为同色系浅一点的颜色，如图3-83所示。

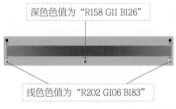

深色色值为"R158 G11 B126"

浅色色值为"R202 G106 B183"

图3-83

与图层对齐 选中该选项，渐变的起始点位于图层内容的边缘；取消选中该选项，渐变的起始点位于文件的边缘。选中该选项与取消选中该选项的对比效果如图3-84所示。因为开关按钮右边玫红圆角矩形并未充满整个图层，所以本例选中该选项。

选中"与图层对齐"选项

取消选中"与图层对齐"选项

图3-84

角度 用于控制渐变的方向，可以横向、竖向、斜向，或从左到右、从右到左、从上到下、从下到上等做任意角度的渐变。由于要使按钮从上到下呈现渐变的效果，所以本例将"角度"设置为90度。

3.6.4 复制与粘贴图层样式

可以通过复制图层样式制作具有相同样式的对象。当为一个图层添加好图层样式后，其他图层也需要使用相同的图层样式，此时可以使用"拷贝图层样式"命令快速为该图层添加相同的图层样式。

选择需要复制图层样式的图层，在图层名称上单击鼠标右键，在弹出的快捷菜单中单击"拷贝图层样式"命令，如图3-85所示。接着，选择需要应用相同图层样式的图层，在图层名称上单击鼠标右键，在弹出的快捷菜单中单击"粘贴图层样式"命令，如图3-86所示。此时该图层也具有相同的图层样式，如图3-87所示。

图3-85

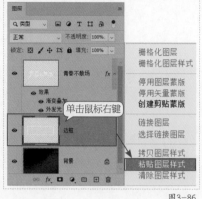
图3-86

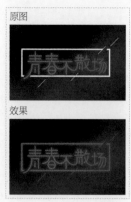
图3-87

3.6.5 修改已添加的图层样式

为图层添加了图层样式后，在"图层"面板中双击图层样式的名
称，如图3-88所示，弹出"图层样式"面板，在其中进行参数的修改
即可。

图3-88

3.6.6 隐藏与删除图层样式

隐藏图层样式。展开图层样式列表，每一个图层样式前都有一个可用于切换显示或隐藏的 ● 图标。单
击效果前的 ● 图标，可以隐藏该图层的全部图层样式；单击单个图层样式前的 ● 图标，则只隐藏对应的图
层样式。

删除图层样式。如果想要删除图层上的所有图层样式，在"图层"面板中拖动"效果"到"删除图
层"按钮上；如果只想删除某个图层样式，将图层样式拖动到"删除图层"按钮上即可。

3.6.7 课堂实训：为海报中的主题文字添加立体效果

本实训将为电影票抢购海报中的主题文字添加图层样式，制作立体效果，如图3-89所示。

操作思路 分3步制作：①使用"斜面和浮雕"
图层样式，让文字产生凸起的效果；②添加"描
边"图层样式，让文字更突出；③添加"外发光"
图层样式，让文字边缘呈现发光效果。

图3-89

3.6.8 课堂实训：使网店主图中的文字适当突出

本实训对加湿器网店主图中的文字"半价！"进行处理，使它在不影响原本标题文字的最高视觉层级的情况下适当突出，如图3-90所示。

操作思路 分3步制作：①选中"半价"文字图层并为该图层添加"渐变叠加""斜面和浮雕""描边""投影"等图层样式；②使用"拷贝图层样式"命令将添加到"半价"文字图层的图层样式复制到"！"文字图层上；③打开素材文件"光效"并将其移动到"半价"文字图层的上方，将"光效"图层的混合模式设置为"滤色"。

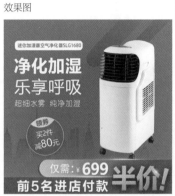

图3-90

3.7 课后习题

（1）使用混合模式将"卡通小人"与"T恤"自然融合，制作卡通T恤衫，效果如图3-91所示。

图3-91

操作思路 具体操作分2步：①使用移动工具将"卡通小人"添加到"T恤"文件中；②将"卡通小人"的图层混合模式设置为"正片叠底"。

（2）在设计化妆品宣传海报时，为了让产品图看上去更逼真，给化妆品瓶添加倒影，效果如图3-92所示。

图3-92

操作思路 具体操作分3步：①复制"化妆品瓶"图层；②使用"变换"子菜单中的"垂直翻转"命令复制化妆品瓶；③降低复制得到的化妆品瓶的不透明度。

第 **4** 章

选区的应用

本章内容导读

本章主要讲解选区的概念、创建选区的方法、编辑选区的技巧及常用的抠图方法。

重要知识点

- 选区的概念和用途。
- 创建选区的方法。
- 常用抠图工具与命令的使用方法。
- 选区的基本编辑操作，例如反选、移动、变换、缩放和羽化等操作。

学习本章后，读者能做什么

通过对本章的学习，读者可以完成做海报、包装、宣传单和网店主图等设计时所需进行的各种选区、抠图和更换背景等操作。

4.1 认识选区

在Photoshop中，选区就是使用选区工具或选区命令创建的用于限定操作范围的区域，它所呈现的形式为闪烁的黑白相间的虚线框。选区主要有以下3种用途。

1. 绘制图像

在使用Photoshop绘制图像时，经常可以通过创建选区并为选区填充颜色或图案来实现某些效果。图4-1所示图像中的矩形框就是通过选区绘制出来的。

图4-1

2. 处理图像的局部

在使用Photoshop处理图像时，为了达到最佳的处理效果，经常需要把图像分成多个不同的区域，以便对这些区域分别进行编辑处理。选区的功能就是把这些需要处理的区域分出来。创建选区以后，可以只编辑选区内的图像内容，选区外的图像内容则不受编辑操作的影响。如果想要修改图4-2所示图像的背景颜色，可先通过创建选区将画面中的背景区域选中，再调整色彩，这样操作就可以达到只更改背景颜色而不改变人物颜色的目的，效果如图4-3所示；如果没有创建选区，在进行色彩调整时，整张图片的颜色都会被调整，效果如图4-4所示。

图4-2

图4-3

图4-4

3. 分离图像（抠图）

将图片的某一部分从图片中分离出来成为单独的图层的过程称为抠图。抠图的主要目的是为图片的后期合成做准备。打开一张图片，如图4-5所示，抠取出食物，将其合成到广告页面中，如图4-6所示。

图4-5

图4-6

4.2 创建选区

Photoshop 提供了多种用于创建选区的工具和命令，它们都有各自的特点，读者可以根据图像内容和处理要求，选择不同的工具或命令来创建选区。下面讲解用于创建选区的工具和命令有哪些，以及在什么情况下使用它们。

4.2.1 矩形选框工具

使用矩形选框工具 █ 可以绘制长方形、正方形选区。矩形选框工具在平面设计中的应用非常广泛，例如设计海报时，通常会在文字的下方绘制一个色块。这样既可以突出文字，又能丰富画面。下面就以某化妆品广告设计为例，介绍矩形选框工具的使用方法。

01 打开素材文件，单击工具箱中的矩形选框工具，在图像上拖动鼠标以创建选区，如图4-7所示。

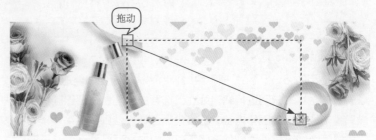

图4-7

02 新建一个图层，将选区填充为粉色（粉色可体现女性的柔美，该颜色取自包装瓶上的颜色，可使版面显得更加协调，如图4-8所示。

图4-8

03 按"Ctrl+D"组合键取消选区。为色块添加投影效果，并在色块的上方输入文字，绘制装饰边框，效果如图4-9所示。

图4-9

4.2.2 椭圆选框工具

椭圆选框工具 ◯ 主要用于创建椭圆形、圆形选区。

单击工具箱中的椭圆选框工具，在图像上拖动鼠标以创建一个椭圆形选区，如图4-10所示。按住"Shift"键的同时拖动鼠标，可以绘制圆形选区，如图4-11所示。

图4-10

图4-11

💡 提示　使用矩形选框工具或椭圆选框工具时，按住"Shift"键并拖动鼠标可以创建正方形或圆形选区；按住"Alt"键并拖动鼠标，会以鼠标指针所在的位置为中心向外创建选区；按住"Alt+Shift"组合键并拖动鼠标，会以鼠标指针所在的位置为中心向外创建正方形或圆形选区。

4.2.3 套索工具

套索工具 用于绘制不规则选区。如果对选区的形状和准确度要求不高，可以使用套索工具来创建选区，该工具经常用于调整图像的局部颜色。打开一张图片，从画面中可以看到人物的面部太暗，使用套索工具将面部区域创建为选区，然后对选区中的图像进行调整。对人物肤色进行调整时，通常需要对选区进行羽化处理（羽化的具体操作方法见4.4.6小节），以便使调整区域与周边图像的颜色自然融合。为人物的面部创建选区的过程如下：选择套索工具，在人物面部的边缘处单击，沿面部轮廓拖动鼠标从而绘制选区，拖动至起点处释放鼠标左键，即可创建封闭选区，如图4-12和图4-13所示。

图4-12

图4-13

4.2.4 选区的运算

选区的运算是指在已有选区的情况下，添加新选区或从选区中减去选区等。在使用选框类工具、套索类工具、魔棒工具、对象选择工具时，工具选项栏中均有4个按钮，用于进行选区的运算，如图4-14所示。

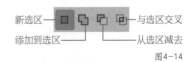

新选区 —— 与选区交叉
添加到选区 —— 从选区减去
图4-14

为了更直观地看到选区的运算效果，下面以椭圆选框工具绘制的选区为例讲解选区的运算，具体操作如下。

"新选区"按钮 🔲 单击该按钮后，如果图像中没有选区，单击图像可以创建一个新选区；如果图像中已有选区存在，再单击图像创建选区，则新选区会替代原有选区。图 4-15 所示为创建的圆形选区。

图4-15

"添加到选区"按钮 🔲 单击该按钮后，单击图像可在原有选区的基础上添加新的选区。在图 4-15 所示选区的基础上，单击"添加到选区"按钮，再将右边的橙子选中，则新选区添加到原有选区中，如图 4-16 所示。

图4-16

"从选区减去"按钮 🔲 单击该按钮后，单击图像可从原有选区中减去新建的选区。在图 4-15 所示选区的基础上，单击"从选区减去"按钮，再将右边的橙子选中，则原有选区会减去新创建的选区，如图 4-17 所示。

图4-17

"与选区交叉"按钮 🔲 单击该按钮后，单击图像，画面中只保留原有选区与新创建的选区相交的部分。在图 4-15 所示选区的基础上，单击"与选区交叉"按钮，将右边的橙子选中，则图像中只保留原选区和新选区相交的部分，如图 4-18 所示。

图4-18

💡 **提示** 选区的运算也可以使用快捷键进行。按住"Shift"键的同时，单击或拖动鼠标可以在已有选区中添加选区；按住"Alt"键的同时，单击或拖动鼠标可从已有选区中减去选区；按住"Shift+Alt"组合键的同时，单击或拖动鼠标可以得到与原有选区相交的选区。

4.3 常用抠图工具与命令

Photoshop 提供了多个用于抠图的工具和命令，如魔棒工具、快速选择工具、对象选择工具和"选择并遮住"命令等。

4.3.1 魔棒工具

魔棒工具 🪄 是根据图像的颜色差异来创建选区的工具。对于一些分界线比较明显的图像，通常可使用魔棒工具进行快速抠图。例如商家在网上销售手提包，在制作相关图片时，往往需要将原图的背景抠掉，重新搭配背景与文字，如图4-19所示。下面就以手提包图片为例，讲解使用魔棒工具抠图的方法。

图4-19

01 打开"手提包"图片，单击工具箱中的魔棒工具，在魔棒工具的工具选项栏中将"容差"设置为20，如图4-20所示，在背景上单击即可选中背景，如图4-21所示。

图4-20

02 按住"Shift"键并在未选中的背景处单击，可将其他背景内容添加到选区中，如图4-22所示。背景选区创建好后，删除选区内容，再将删除背景后的"手提包"图片添加到新的网店宣传海报中即可。

图4-21

图4-22

容差 用于控制选区的颜色范围，数值越小，选区内与单击点相似的颜色越少，选区的范围就越小；数值越大，选区内与单击点相似的颜色越多，选区的范围就越大。在图像的同一位置处单击，设置不同的"容差"，所选的区域也不一样，将"容差"分别设置为10和32的选区范围如图4-23所示。

"容差"为10

"容差"为32

图4-23

连续 选中该选项，则只选择与单击点颜色相接的区域，如图4-24所示；取消选中该选项，则选择与单击点颜色相近的所有区域，如图4-25所示。

图4-24

图4-25

消除锯齿 选中该选项，可以让选区边缘更加光滑。

"选择主体"按钮 选择主体 单击该按钮，软件会根据所使用的选区工具自动识别要选择的主体并创建选区，如图4-26所示。另外，快速选择工具和"选择并遮住"命令也包含该功能。使用这些工具或命令前，可以单击"选择主体"按钮，自动识别出主体，然后在此基础上对选区范围进行精细调整，从而节省抠图时间。

图4-26

💡**提示** 创建选区后，单击菜单栏"编辑">"清除"命令或按"Delete"键，即可将选区中的内容删除（具体操作方法见4.4.7小节）；按"Ctrl+J"组合键，即可将选区中的内容复制到一个新图层中。

4.3.2 快速选择工具

快速选择工具 和魔棒工具一样，是根据图像的颜色差异来创建选区的工具。它们区别是：魔棒工具是通过调节容差值来调节选区的大小，而快速选择工具是通过调节画笔大小来控制选区的大小。形象一点说就是使用快速选择工具可以"画"出选区。快速选择工具适合在边界较清晰或主体和背景反差较大、但主体又较为复杂时使用。下面以在一张图片中选中人物以创建选区为例，介绍快速选择工具的具体使用方法。

01 打开人物图片，如图4-27所示。

02 单击工具箱中的快速选择工具，将鼠标指针放在人物处，按住鼠标左键沿人物边缘处拖动涂抹，

涂抹的地方会被选中，并且系统会先自动识别与涂抹区域的颜色相近的区域，再不断向外扩张，自动沿图像的边缘创建选区，效果如图4-28所示。

图4-27　　　　图4-28

💡提示　单击"新选区"按钮，可以创建新的选区；单击"添加到选区"按钮，可在原选区的基础上添加新选区；单击"从选区减去"按钮，可在原选区的基础上减去选区。

4.3.3 对象选择工具

对象选择工具 是一个智能创建选区的工具。选择该工具后，只需将鼠标指针停留在想要选择的图像上，Photoshop 便会自动识别想要选择的对象，单击即可确认。

01 打开人物图片，如图4-29所示。

图4-29

图4-30

02 单击工具箱中的对象选择工具，在工具选项栏中选中"对象查找程序"选项，将鼠标指针放在第一个人物处，可以看到Photoshop自动地识别人物，如图4-30所示，单击即可创建选区，如图4-31所示。

图4-31

4.3.4 "选择并遮住"命令

"选择并遮住"命令常用于选区的编辑和抠图，使用该命令能够快速完成抠毛发之类的抠图工作。例如，在设计图4-32所示的文化海报时，画面中的狼群就是通过多张单只狼的图片抠图合成的。下面以其中一张狼图片的抠图操作为例，介绍"选择并遮住"命令的使用方法。

图4-32

01 打开文件名为"狼"的素材文件，如图4-33所示。

02 单击菜单栏"选择" > "选择并遮住"命令，打开"选择并遮住"工作界面，如图4-34所示。在该工作界面中，左侧是工具栏，上方是工具选项栏，右侧是属性设置区域，中间是预览和操作区。工具栏中的工具由上到下依次是：快速选择工具 、调整边缘画笔工具 、画笔工具 、对象选择工具 、套索工具 、抓手工具 和缩放工具 。

图4-33

图4-34

03 单击该工作界面中的快速选择工具，在其工具选项栏中单击"选择主体"按钮，此时软件会自动识别出狼，如图4-35所示。但是自动识别的边缘并不完全准确，狼脚部分被识别成了背景，为了使抠图更准确，下面使用快速选择工具手动调整狼脚部的边缘。

图4-35

04 单击工具选项栏中的"添加到选区"按钮 ⊕，可在原选区的基础上添加绘制的选区；单击"从选区减去"按钮 ⊖，可在原选区的基础上减去绘制的选区。对狼脚部边缘进行处理，处理时可以随时调整"透明度"，以便清晰地看到所选边缘是否合适，处理后的效果如图4-36所示。

图4-36

05 在"全局调整"组中进行微调。设置"羽化"为3像素,使选区边缘过渡柔和;设置"移动边缘"为+20%,适当扩大选取的区域,如图4-37所示。

图4-37

06 调整完成后,在右侧的属性设置区域中将"透明度"调整为100%,可以清楚地看到抠图效果,然后将抠图效果进行输出。"输出到"下拉列表中包含多种输出方式,可以根据需要进行选择,通常情况下建议选择"新建带有图层蒙版的图层"选项(这样可以不破坏原图层,而且输出后可以双击蒙版缩览图再次进入"选择并遮住"工作界面中进行调整),选择该选项后单击"确定"按钮,如图4-38所示,即可将选中的图像创建到新建图层中。将背景图层隐藏可以查看抠图效果,如图4-39所示。

图4-38

图4-39

下面介绍"选择并遮住"工作界面中的选项的功能和使用方法。

选择主体 用于选中图片中的主体。

调整细线 用于精细选取人物发丝或动物毛发。

视图模式 用于设置抠图时预览区的不同表现形式,本例预览方式为"洋葱皮"。用户可以单击"视图"右侧的下拉按钮,然后根据需要选择合适的预览方式。

透明度 在透明度数值增大时,抠图区域为半透明状,图像保留区域为不透明状态,这样通过虚实对比更有利于用户查看抠图效果。

调整模式 该选项包含"颜色识别"和"对象识别"两种模式,如图 4-40 所示。为简单背景抠图选用"颜色识别"模式,为复杂背景上的毛发抠图选用"对象识别"模式。

图4-40

边缘检测 选中"智能半径"选项后,拖动"半径"中的滑块可以扩大边缘范围,如图4-41所示。可以对清晰边缘使用较小的半径,对较柔和的边缘使用较大的半径。本例未对该项进行设置。

图4-41

全局调整 用于对图像边缘进行精细调整。

平滑：用于减少选区边界中的不规则区域，使选区轮廓更加平滑。

羽化：用于让选区边缘产生逐渐透明的效果，数值越大，选区的羽化边缘越大。本例将"羽化"设为 3 像素。

对比度：与"羽化"的作用相反，对于添加了羽化效果的选区，增加对比度可以减少或消除羽化。

移动边缘：拖动滑块可以改变选区范围。当数值为正数时，可以扩展选区范围；当数值为负数时，可以收缩选区范围。本例将"移动边缘"设为 +20%。

输出设置 用于消除杂色和设定选区的输出方式，如图 4-42 所示。

净化颜色：选中该选项后，拖动"数量"滑块可以去除图像的彩色杂边，数值越高，清除范围越广。

输出到：在该下拉列表中，可以选择选区的输出方式。例如，选择"选区"选项，抠图完成后单击"确定"按钮，即在该图层所抠取的图像上创建选区；选择"新建图层"选项，抠图完成后单击"确定"按钮，即直接以创建新图层的形式显示抠取的图像；选择"新建带有图层蒙版的图层"选项，抠图完成后，单击"确定"按钮，即把抠取的图像新建为一个图层并且带有图层蒙版。图层蒙版的好处是，输出后用户仍可以通过单击蒙版缩览图再次进入"选择并遮住"工作界面中进行编辑。

图 4-42

4.4 编辑选区

在图像中创建选区后，可以对选区进行反选、移动、变换、缩放、羽化等操作，使选区更符合要求。

4.4.1 全选对象与反选选区

1. "全选"命令

想要选中一个图层中的全部对象时，可以使用"全选"命令。该命令常用于对图像的边缘进行描边。打印白底图像时，打印前需要对图像四周进行描边，以便显示出图像的边界。例如设计完一批工作证想要打印并裁剪出来时，就需要对图像四周进行描边，具体操作如下。

01 打开工作证的设计文件，如图4-43所示。

02 单击菜单栏"选择"＞"全部"命令或按"Ctrl+A"组合键，选中文件内的全部图像，如图4-44所示。

图 4-43　　　　图 4-44

03 单击菜单栏"编辑" > "描边"命令，弹出"描边"对话框。在该对话框中设置"宽度"为1像素、"颜色"为"C0 M0 Y0 K30"（颜色不宜太深，打印后能看清分界线即可）、"位置"为"居中"，设置完成后单击"确定"按钮完成描边操作，如图4-45和图4-46所示。

图4-45　　　　　　　　　　　　　图4-46

2."反选"命令

如果想要创建出与当前选择内容相反的选区，可以使用"反选"命令。下面以榨汁机广告图的有关操作为例，介绍"反选"命令的使用方法。

01 打开"榨汁机"图片，在拍摄商品图片时，背景往往比较简单，可以看出画面较单调，如图4-47所示。做平面广告时为了表现榨汁机的特色，常需要在其中添加新鲜水果、果汁和清新的背景，从而增加画面的活力。这时就需要将"榨汁机"抠取出来。

02 从画面中可以看到该产品图背景简单、主体突出，比较容易抠取，使用魔棒工具在画面背景处单击，选中画面背景，如图4-48所示。

图4-47　　　　　　　　　　　　　图4-48

03 单击菜单栏"选择" > "反选"命令或按"Ctrl+Shift+I"组合键，反选选区，从而选中"榨汁机"，如图4-49所示。前面的例子是通过删除背景抠出主体，将主体添加到广告设计文件中。学习"反选"命令后，可以反向选择主体，选择移动工具，将鼠标指针放到选区内，当鼠标指针呈 ▶ 状后，按住鼠标左键拖动"榨汁机"，将它移动到广告设计文件中。效果如图4-50所示。

图4-49　　　　　　　　　　　　　　　　　　　　　　　图4-50

4.4.2 取消选区与恢复选区

选区通常针对图像局部进行操作，如果不需要对局部进行操作了，就可以取消选区。单击菜单栏"选择" > "取消选择"命令或按"Ctrl+D"组合键，可以取消选区。

如果不小心取消了选区，可以将选区恢复。要恢复被取消的选区，可以单击菜单栏"选择" > "重新选择"命令。

4.4.3 移动选区

在图像中创建选区后，可以对选区进行移动操作。移动选区不能使用移动工具，而要使用选区工具，否则移动的是图像，而不是选区。

01 打开"皮鞋"广告设计文件，使用矩形选框工具为左边的皮鞋创建选区，将鼠标指针移到选区内，当鼠标指针呈 ▶▣ 状后，按住鼠标左键并拖动，如图4-51所示。

图4-51

02 拖动到合适位置后释放鼠标左键，完成选区移动操作，如图4-52所示。

图4-52

4.4.4 课堂案例：用"变换选区"命令制作童鞋海报

选区也可以进行变换操作，但选区的变换不能使用"变换"命令，而要使用"变换选区"命令。使用该命令可以对选区进行放大或缩小，在变换的状态下单击鼠标右键，弹出快捷菜单，可以对选区进行旋转、斜切、扭曲和变形等操作。下面以在一个童鞋海报上使用选区绘制图像为例，介绍该命令的使用方法。

01 打开素材文件，这里需要创建一个选区，直接创建的选区大小或角度不一定合适。本例创建选区后，可以旋转一下，让选区与文字的倾斜角度一致。单击菜单栏"选择" > "变换选区"命令，此时选区上显示定界框，如图4-53所示。

图4-53

02 拖动控制点可对选区进行旋转、缩放等变换操作，选区内的图像不会受到影响，如图4-54所示。而如果使用"编辑"菜单中的"变换"命令操作，则变换操作会同时作用于选区及选区内的图像，如图4-55所示，背景中的点状底纹也被旋转。

图4-54

图4-55

03 在变换选区状态下，在画面上单击鼠标右键，可以在弹出的快捷菜单中选择其他变换方式，如图4-56所示。

图4-56

04 将选区旋转到合适角度后，在文字图层的下方新建一个图层，然后在选区内填充白色并为该图层添加投影，效果如图4-57所示。

图4-57

4.4.5 扩展与收缩选区

使用"扩展"命令可以，可以由选区中心向外放大选区；使用"收缩"命令，可以由选区中心向内缩小选区。

1. "扩展"命令

使用"扩展"命令可以将选区向外延展，从而得到较大的选区，扩展选区操作常用于制作不规则图形的底色。下面以一个美食节广告文字中的不规则底色的制作为例，介绍"扩展"命令的使用方法。

01 打开素材文件，选择"美食来袭717吃货节"图层，按住"Ctrl"键的同时在"图层"面板中单击该图层缩览图，即可载入图层选区，如图4-58所示。

图4-58

02 单击菜单栏"选择">"修改">"扩展"命令，打开"扩展选区"对话框，设置"扩展量"为15像素（数值越大，选区范围越大），如图4-59所示，单击"确定"按钮完成设置，扩展选区范围的效果如图4-60所示。

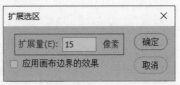

图4-59

图4-60

03 按住"Ctrl"键并单击"创建新图层"按钮，在"美食来袭717吃货节"图层的下方新建一个图层，将其重命名为"扩展白底"，设置"前景色"为黑色（色值为"R255 G255 B255"），按"Alt+Delete"组合键为选区填充黑色，按"Ctrl+D"组合键取消选区。文字扩充黑底后与背景画面分离开，如图4-61所示。

图4-61

2."收缩"命令

使用"收缩"命令可以将选区向内收缩，使选区范围变小。为图像创建选区后，单击菜单栏"选择">"修改">"收缩"命令，在弹出的"收缩选区"对话框中设置"收缩量"值为5像素（数值越大，选区范围越小），如图4-62所示，设置完成后单击"确定"按钮。选区收缩的前后效果如图4-63和图4-64所示。

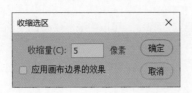

图4-62

图4-63

图4-64

4.4.6 羽化选区

使用"羽化"命令可以将边缘较"硬"的选区变为边缘比较"柔和"的选区。在合成图像时，适当羽化选区，能够使选区边缘产生逐渐透明的效果，使选区内外衔接的部分虚化，得到渐变的效果，从而达到自然衔接的效果。

在画面中创建椭圆形选区，如图4-65所示，单击菜单栏"选择">"修改">"羽化"命令或按"Shift+F6"组合键打开"羽化选区"对话框，在该对话框中可以利用"羽化半径"控制羽化范围的大小，羽化半径越大，选区边缘越柔和，本例将"羽化半径"设置为100像素，如图4-66所示。羽化选区后，反选选区将选区外的图像删除，效果如图4-67所示。

图4-66

图4-65

图4-67

💡 提示

"羽化半径"的数值越大，羽化的范围就越大。当选区较小，而"羽化半径"的数值设置得较大时，就会弹出一个羽化警告提示，如图4-68所示。发生这种情况，是因为选区的像素值的50%小于羽化值。解决的办法是调低羽化值或者扩大选区的范围。

图4-68

"羽化"命令常用于对图像进行局部色彩处理。打开一张人物图片，从画面中可以看出人物面部色彩有点暗，因此需要对面部进行单独处理。使用套索工具为面部创建选区，如图4-69所示。然后对选区进行羽化，单击菜单栏"选择">"修改">"羽化"命令，打开"羽化选区"对话框，设置羽化值。本例将"羽化半径"设置为30像素，如图4-70所示。

在人物面部创建选区

选区羽化半径为 30 像素

图4-69

图4-70

羽化后，对选区内的图像进行提亮调整，按"Ctrl+D"组合键取消选区后，可以看到所调整区域边缘过渡较平滑、自然，效果如图4-71所示。如果没有对选区进行羽化设置，进行提亮调整后，可以看到所调整区域边缘过渡较生硬，如图4-72所示。

对羽化过选区内的图像进行调亮

图4-71

对未羽化过选区内的图像进行调亮

图4-72

4.4.7 删除图像

在对图像进行编辑时，如果想要将图像中的部分内容删除，可以使用"清除"命令。例如4.3.1小节中为手提包背景创建选区后，如果想要将手提包抠出，就需要删掉背景，具体操作如下。

01 要删除图像中的部分内容，先为需要删除的部分创建选区，本例为手提包的背景创建选区，如图4-73所示。

02 由于"清除"命令不能在背景图层上使用，所以如果要删除图像的图层是背景图层，首先要将其转换为普通图层，才能进行删除操作。在"图层"面板中双击背景图层，弹出"新建图层"对话框，在"名称"文本框中输入新图层名称，本例图层名称为"手提包"，单击"确定"按钮将背景图层转换为普通图层，如图4-74所示。

图4-73

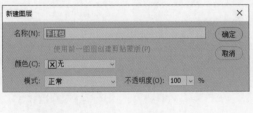

图4-74

03 单击菜单栏"编辑">"清除"命令或按"Delete"键，可以将当前图层选区中的图像删除，如图4-75所示。

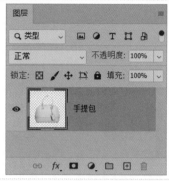

图4-75

4.4.8 课堂实训：设计宠物用品海报

设计一张宠物用品海报，要求把客户提供的狗狗素材图片放到海报上，以吸引人的注意。直接在海报上放置图片会显得不协调，因此这里将素材图片中的背景抠掉并将得到的主体添加到新背景中。制作前后的对比效果如图4-76所示。

操作思路 分3步制作：①根据设计要求创建新文件；②使用"选择并遮住"命令将狗狗素材图片中的背景抠掉，并将其添加到文件中；③添加商品图，相关素材和广告文案。

原图　　　　　　　　　　　效果图

图4-76

4.5 课后习题

（1）抠图在 Photoshop 中是使用得最多的操作之一，因此很有必要学习并熟练掌握各种抠图方法。素材文件中有很多素材，读者在课后可以使用各种抠图工具进行练习。

（2）使用"新选区""添加到选区""从选区减去""与选区交叉"4个按钮可以进行选区的运算，灵活运用选区运算可以绘制出各种形状的选区。课后，读者可以巧用选区运算绘制一张太极图。

第 **5** 章

图像颜色的调整

本章内容导读

本章主要讲解颜色的基础知识、配色原则及Photoshop常用调色命令的使用方法。

重要知识点

- 颜色的基础知识及配色原则。
- 图像的颜色模式及转换方式。
- 调色命令的使用方法。

学习本章后，读者能做什么

通过对本章的学习，读者能掌握调色所需要的颜色基础知识和配色原则，能综合运用多种Photoshop调色命令（"亮度/对比度""色阶""曲线""自然饱和度""色相/饱和度""色彩平衡""可选颜色"和"黑白"）达到各种海报设计、网店首图/主图设计、摄影后期处理等设计工作中的调色要求。

5.1 颜色的基础知识及配色原则

颜色调整也称为调色，它在平面设计、服装设计、摄影后期处理等设计和图像处理工作中是一道重要的环节，甚至决定着一件作品的成败。Photoshop提供了大量的颜色调整功能供用户使用，用户可以通过拖动滑块、拖动曲线、设置参数值等方式进行颜色调整。下面介绍颜色的三大属性（色相、饱和度和明度）及配色原则等知识。

5.1.1 色相及基于色相的配色原则

1. 色相

平时所说的红色、蓝色、绿色等，就是指颜色的色相，如图5-1所示。

图5-1

2. 基于单个色相的配色原则

不同的色相能给人以心理上的不同影响，如红色象征喜悦、黄色象征明快、绿色象征生命、蓝色象征宁静、白色象征坦率、黑色象征压抑等。在进行设计时，要根据主题合理地选择色相，使它与主题相适应。例如，在产品包装设计中，绿色暗示产品是安全、健康的，常用于食品的包装设计；而蓝色则暗示产品是干净、清洁的，常用于洗化产品的包装设计。

除了了解单个色相的表现力和影响力外，还需要了解多个色相搭配起来的表现力和影响力。因为在设计中，绝大多数情况下画面中会包含多个色相，这时就需要对多个色相进行合理的搭配。为了更好地理解如何进行色相搭配，下面介绍24色相环及其应用。

3. 24色相环

颜色和光线有密不可分的关系。颜色依据其与光线的关系有两种分类方式。

一种是光线本身所带有的颜色，在我们所能看到的颜色中，红（R）、绿（G）、蓝（B）3种颜色是无法被分解的，也无法由其他颜色合成的，故称它们为"光学三原色"。其他颜色都可以由它们按不同比例混合而成。

另一种就是把颜料或油墨印在某些介质上表现出来的颜色，人们通过长期的观察发现，油墨或颜料中有3种颜色：青（C）、洋红（M）、黄（Y）。将这3种颜色通过不同比例混合可以调配出许多颜色，而这3种颜色又不能用其他的颜色调配出来，故称它们为"印刷三原色"。

24色相环：把一个圆分成24等份，把红、绿、蓝3种颜色放在3等分色相环的位置上，把相邻两色等量混合，把得到的黄色、青色和洋红色放在6等分位置上，再把相邻两色等量混合，把得到的6个复合色放在12等分位置上，继续把相邻两色等量混合，把得到的12个复合色放在24等分位置上即得到24色相环，如图5-2所示。

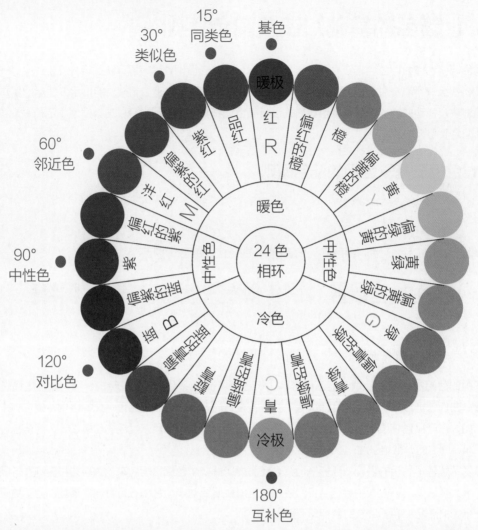

图5-2

互补色 以某一颜色为基色，与此色相隔180°的颜色为其互补色。"光学三原色"与"印刷三原色"正好是互补色。互补色的色相对比最为强烈。

对比色 以某一颜色为基色，与此色相隔120°～150°的颜色均为其对比色。对比色搭配是色相的强对比，容易给人带来兴奋的感觉。

邻近色 以某一颜色为基色，与此色相隔60°～90°的颜色均为其邻近色。邻近色对比属于色相的中对比，可使画面统一、协调，又能使画面层次丰富。

类似色 以某一颜色为基色，与此色相隔30°的颜色均为其类似色。类似色比同类色的搭配效果要明显、丰富些，可使画面统一与协调，呈现柔和质感。

同类色 以某一颜色为基色，与此色相隔15°以内的颜色均为其同类色。同类色差别很小，常给人单纯、统一、稳定的感受。

暖色 从洋红色顺时针旋转到黄色，这之间的颜色称为暖色。暖色调的画面会让人觉得温暖、热烈。

冷色 从绿色顺时针旋转到蓝色，这之间的颜色称为冷色。冷色调的画面可让人感到清冷、宁静。

中性色 去掉暖色和冷色后剩余的颜色称为中性色。中性色调的画面给人以平和、优雅、知性的感觉。

4. 基于多个色相的配色原则

在做设计时，基本的配色原则是一个设计作品中不要超过3种色相，被选定的颜色从功能上划分为主色、辅色和点缀色，它们之间是主从关系。主色的功能是决定整个作品风格，确保正确传递信息。辅色的功能是帮助主色建立更完整的形象，如果一种颜色已和主题完美结合，辅色就不是必须存在的。判断辅色用得好的标准：去掉它，画面不完整；有了它，主色更具优势。点缀色的功能通常体现在细节处，多数是分散的，并且面积比较小，在局部起一定的牵引和提醒作用。

5. 认识色相环的好处

认识色相环的好处就是，当根据主题思想、内涵、形式载体及行业特点等决定了作品的主色后，可按照冷色调、暖色调、中性色调，或同类色、类似色、邻近色、对比色及互补色的原则快速找到辅色和点缀色。

5.1.2 饱和度及基于饱和度的配色原则

1. 饱和度

饱和度是指颜色的鲜艳程度，也称色彩的纯度。饱和度取决于该颜色中含色成分和消色成分（黑、灰色）的比例。消色成分比例小，饱和度就高，颜色就鲜艳，如图5-3所示。

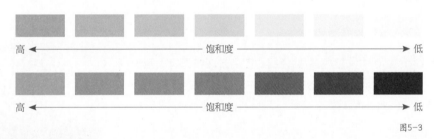

图5-3

2. 基于饱和度的配色原则

饱和度的高低决定画面是否有吸引力。饱和度越高，颜色越鲜艳，画面越活泼，越容易引人注意或冲突性越强；饱和度越低，颜色越朴素，画面越典雅、安静或温和。因此常用高饱和度的颜色作为突出主题的颜色，用低饱和度的颜色作为衬托主题的颜色，即高饱和度的颜色可作为主色，低饱和度的颜色可作为辅色。

5.1.3 明度及基于明度的配色原则

1. 明度

明度是指颜色的深浅和明暗程度。颜色的明度有两种情况，一是同一颜色的不同明度，如同一颜色在强光照射下显得明亮，而在弱光照射下显得较灰暗、模糊，如图5-4所示；二是各种颜色有不同的明度，各颜色明度从高到低的排列顺序是黄、橙、绿、红、青、蓝、紫，如图5-5所示。另外，颜色的明度变化往往会影响饱和度，如红色加入黑色以后明度降低了，同时饱和度也降低了；红色加入白色以后明度提高了，而饱和度却降低了。

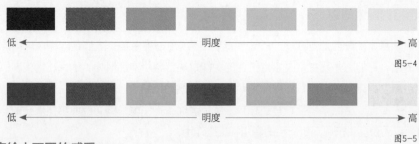

图5-4

图5-5

2. 不同明度给人不同的感受

不同的明度所产生的不同的明暗调子，可以使人产生不同的心理感受。高明度给人明朗、华丽、醒目、通畅、洁净或积极的感觉；中明度给人柔和、甜蜜、端庄或高雅的感觉；低明度给人严肃、谨慎、稳定、神秘、苦闷或沉重的感觉。

3. 基于明度和饱和度的配色原则

在使用邻近色配色的画面中，常通过增加明度和饱和度的对比来丰富画面效果，这种色调上的主次感能增强配色的吸引力；在使用类似色配色的画面中，由于类似色搭配效果相对平淡和单调，可通过增强颜色明度和饱和度的对比来达到强化色彩的目的；在使用同类色配色的画面中，可以通过增强颜色明度和饱和度的对比来加强明暗层次，体现画面的立体感，使其呈现出层次更加分明的画面效果。

5.1.4 颜色模式

1. 在Photoshop中了解颜色的3个属性

观察 Photoshop 中的拾色器（拾色器的使用方法参见本书第6章的内容），可以清晰地了解到Photoshop中的颜色体系正是基于颜色的3个属性（色相、饱和度和明度）原理设置的，具体如图5-6所示。

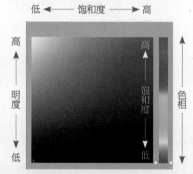

图5-6

2. 了解图像颜色模式

颜色模式是用数值记录图像颜色的方式，它将自然界中的颜色数字化，这样就可以通过数码相机、显示器、打印机、印刷机等设备呈现颜色。颜色模式包括RGB 颜色模式、CMYK 颜色模式、HSB模式、Lab 颜色模式、位图模式、灰度模式、索引颜色模式、双色调模式和多通道模式。下面就来认识几种常用的颜色模式。

RGB 颜色模式 以"光学三原色"为基础建立的颜色模式，针对的媒介是显示器、电视屏幕、手机屏幕等显示设备，它是屏幕显示的最佳颜色模式。R、G、B 指的是红色（Red）、绿色（Green）和蓝色（Blue），将它们按照不同比例混合，即可在屏幕上呈现自然界中各种各样的颜色，如图 5-7 所示。

光学三原色

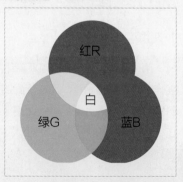

图5-7

R、G、B 值代表的是这 3 种颜色的强度,它们各有 256 级亮度,用数字表示为 0、1、2……255。256 级的 RGB 颜色总共能组合出约 1678 万种(256×256×256)颜色。当 R、G、B 值均为 0 时,便生成黑色;当 R、G、B 值均为 255 时,便生成白色。

通常,在 RGB 颜色模式下调整图像颜色。

CMYK 颜色模式 是以"印刷三原色"为基础建立的颜色模式,如图 5-8 所示。针对的媒介是油墨,它是一种用于印刷的颜色模式。

"CMY"是 3 种印刷油墨色——青色(Cyan)、洋红色(Magenta)和黄色(Yellow)英文名称的首字母。从理论上来说,只需要"CMY"3 种油墨就足够了,它们 3 个等比例加在一起就应该得到黑色。但是,由于目前制造工艺的限制,厂家还不能造出高纯度的油墨,"CMY"3 种颜色相加的结果实际是深灰色,不足以表现画面中最暗的部分,因此"黑色"就由单独的黑色油墨来呈现。黑色(Black)使用其英文单词的末尾字母"K"表示,这是为了避免与蓝色(Blue)混淆。

印刷三原色

图5-8

CMYK 数值以百分比形式显示,数值越高,颜色越深;数值越低,颜色越亮。

因为 RGB 颜色模式的色域(颜色范围)比 CMYK 颜色模式的广,所以在 RGB 颜色模式下设计出来的作品在 CMYK 颜色模式下印刷出来时,色差是无法避免的。为了减少色差,一是使用专业的显示器,二是对显示器进行颜色校正(通过专业软件)。

需要注意的是,在CMYK 颜色模式下,Photoshop 中的部分命令不能使用,这也是要在RGB 颜色模式下调整图像颜色的原因之一。

Lab 颜色模式 类似 RGB 颜色模式,Lab 颜色模式是进行颜色模式转换时使用的中间颜色模式。Lab 颜色模式的色域最宽,它涵盖了 RGB 颜色模式和 CMYK 颜色模式的色域,也就是当需要将 RGB 颜色模式转换为 CMYK 颜色模式时,可以先将 RGB 颜色模式转换为 Lab 颜色模式,再转换为 CMYK 颜色模式,这样做可以减少颜色模式转换过程中色彩的丢失。在 Lab 颜色模式中,"L"代表亮度,范围是 0(黑)~100(白);"a"表示从红色到绿色的范围;"b"表示从黄色到蓝色的范围。

灰度模式 不包含颜色,彩色图像转换为该颜色模式后,色彩信息都会被删除。使用该颜色模式可以快速获得黑白图像,但效果一般。在制作要求较高的黑白图像时,最好使用"黑白"命令,因为该命令的可控性更好。

3. 更改颜色模式

在 Photoshop 中,可以进行颜色模式的相互转换,例如使用RGB 颜色模式调整完图片后,如果要将调整后的图片拿去印刷,此时就需要将RGB颜色模式转为CMYK 颜色模式。

单击菜单栏"图像">"模式"命令,可以将当前图像的颜色模式更改为其他颜色模式,如图5-9所示。

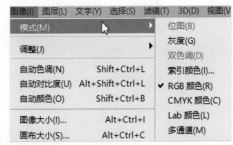

图5-9

5.1.5 调整图像颜色的两种方式

在Photoshop中调整图像颜色共有两种方式：一种是使用调整命令，另一种是使用调整图层。

单击菜单栏"图像">"调整"命令，打开的菜单中几乎包含了Photoshop中所有的图像调整命令，如图5-10所示。

调整图层存放于一个单独的面板中，即"调整"面板。单击菜单栏"窗口">"调整"命令即可打开"调整"面板，如图5-11所示。

图5-10

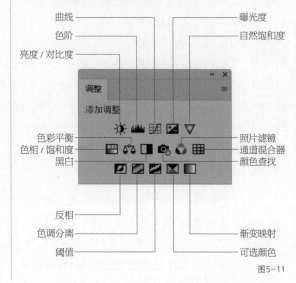

图5-11

调整命令与调整图层的使用方法以及实现的调整效果大致相同，不同之处在于：调整命令直接作用于图像，该调整方式无法修改调整参数，适用于对图像进行简单调整并且无须保留调整参数的情况；调整图层是在图像的上方创建一个调整图层，其调整效果作用于它下方的图像，使用调整图层调整图像后，可随时返回调整图层进行参数修改，适用于摄影后期处理。

使用调整命令调整图像颜色。 打开素材图片，如图5-12所示。单击菜单栏"图像">"调整">"色彩平衡"命令，在打开的"色彩平衡"对话框中进行设置，如图5-13所示，设置完成后图像的颜色被更改了，如图5-14所示。需要注意的是，这种调色方式不可修改。

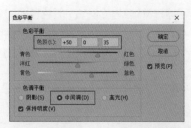

图5-13

图5-12

图5-14

使用调整图层调整图像颜色。 在"调整"面板中单击"创建新的色彩平衡调整图层"按钮 ，即可在背景图层上方创建一个"色彩平衡"调整图层，在弹出的"属性"面板中可以看到这两种方式创建的"色彩平衡"的设置选项是相同的。在"色彩平衡"调整图层的"属性"面板中设置相同的参数，如图5-15所示，效果如图5-16所示。此时可以看到使用两种方式调整后的效果也完全相同，但使用此种方式调整颜色的好处是，如果想要修改调整图层参数，双击调整图层前方的缩览图，即可在弹出的"属性"面板中进行修改。

图5-15

图5-16

5.2 调色命令

处理图像时，首先要对图像进行观察，查看图像颜色是否存在问题，如偏色（例如画面整体偏红色、偏紫色或偏绿色等）、画面太亮、画面太暗、偏灰（例如画面对比度低、颜色不够艳丽）等。如果出现这些问题，就要进行处理，使图像变为一幅亮度合适、颜色正常的图像。

5.2.1 亮度/对比度

"亮度/对比度"命令用于对照片整体亮度和对比度进行调整。下面通过对一张偏灰的图片的调整，介绍"亮度/对比度"命令的使用方法。

01 打开家居用品海报设计文件，可以看到棉被偏灰、偏暗，如图5-17所示，下面对其进行调整。

图5-17

02 选中棉被所在的图层，单击菜单栏"图像">"调整">"亮度/对比度"命令，打开"亮度/对比度"对话框。该对话框包含两个选项："亮度"用于设置图像的整体亮度，"对比度"用于设置图像明暗对比的强烈程度。在该对话框中，分别向左拖动滑块可降低亮度和对比度，分别向右拖动

滑块可增加亮度和对比度（即当数值为负值时，表示降低图像的亮度和对比度；当数值为正值时，表示增加图像的亮度和对比度）。例图棉被偏灰、偏暗，因此需要提亮画面，增强画面的对比度，参数设置如图5-18所示，效果如图5-19所示。

图5-18

图5-19

5.2.2 色阶

　　"色阶"命令主要用于调整画面的明暗程度，它是通过改变图片中像素的分布来调整图片明暗程度的。使用该命令可以单独对画面的阴影、中间调和高光区域进行调整。此外，"色阶"命令还可用于对各个颜色通道进行调整，以实现调整图像颜色的目的。下面通过对一张偏暗的图片的调整，介绍"色阶"命令的使用方法。

01 打开手提包店铺的海报设计文件，可以看到手提包偏暗，在画面中不够突出，如图5-20所示。下面对手提包进行调色。

图5-20

02 选中手提包所在的图层，单击菜单栏"图像" > "调整" > "色阶"命令，打开"色阶"对话框。"色阶"对话框中的设置选项较多，先看"输入色阶"选项组，该组的3个滑块分别用于控制画面的阴影、中间调和高光。阴影滑块位于色阶0处，它所对应的像素是纯黑；中间调滑块位于色阶128处，它所对应的像素是50%灰；高光滑块位于色阶255处，它所对应的像素是纯白。向右拖动黑色滑块可以压暗暗调；向左拖动白色滑块可以提亮亮调；拖动中间调滑块，当数值大于1时提亮中间调，当数值小于1时压暗中间调，如图5-21所示。

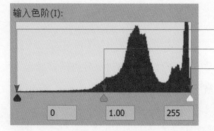

图5-21

　　例图中的手提包偏暗，因此需要提亮画面，先向左拖动中间调滑块提亮中间调区域，然后向左拖动高光滑块提亮高光区域，这时需要一边调整一边观察效果，以达到视觉效果最佳为准。参数设置如图5-22所示，效果如图5-23所示。

图5-22

图5-23

03 现在看"输出色阶"选项组，利用该组的两个滑块可以对画面中最暗和最亮区域进行控制，黑色滑块用于控制最暗区域，白色滑块用于控制最亮区域。拖动黑色滑块可以使图像变亮，从而抑制暗部溢出；拖动白色滑块可以使图像变暗，从而抑制高光溢出。调整手提包的中间调和高光之后，阴影处显得稍暗，拖动"输出色阶"选项组中的黑色滑块，提亮阴影，如图5-24所示；调整后可以看到手提包的亮度较为均匀，如图5-25所示。

图5-24　　　　　　　　　　　　　　　　　　　　　　　　　图5-25

04 如果想要使用"色阶"命令对画面颜色进行调整，可以在"通道"选项中选择某个颜色通道，然后对该通道进行明暗调整。使某个通道变亮，画面则会更倾向于该颜色，使某个通道变暗，则会减少画面中的该颜色成分。如果想要手提包再粉嫩一些，可以选中"红"通道，提亮中间调和高光，参数设置如图5-26所示，效果如图5-27所示。

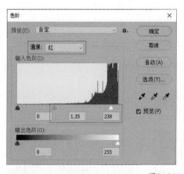

图5-26　　　　　　　　　　　　　　　　　　　　　　　　　图5-27

5.2.3 曲线

　　"曲线"命令与"色阶"命令比较相似，它既可以用于图像的明暗和对比度调整，还可以用于校正画面偏色及调整出独特的色调效果，但"曲线"命令的调整更精细，使用它可以在曲线上的任意位置添加控制点，改变曲线的形状，从而调整图像，并且可以在较小的范围内添加多个控制点进行局部的调整，同时它的操作要求也稍微高一些。下面通过对一张文艺"小清新"风格人像图片的调整，介绍"曲线"命令的使用方法。

01 "小清新"风格人像图片的特点：整体色调清新，人物皮肤透亮。打开一张人像图片，可以看到照片偏暗、不够通透，颜色脏乱、不够统一，如图5-28所示。

图5-28

02 本例需要对图片的亮度和色调进行调整，这个过程需要设置多个参数，这种相对复杂的调色可以考虑使用调整图层的方式完成。使用这种方式可以对一些调片过程中不确定的颜色进行修改。单击"调整"面板中的"创建新的曲线调整图层"图标 ▦，创建"曲线"调整图层，如图5-29所示。

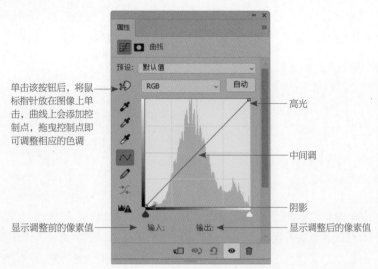

图5-29

"曲线"调整面板中的曲线上有两个端点，左端点用于控制阴影区域，右端点用于控制高光区域，曲线中间用于控制中间调区域。按住左端点向上拖动可提亮阴影，向右拖动可压暗阴影；按住右端点向左拖动可提亮高光，向下拖动可压暗高光。在曲线的中间位置添加控制点可以调整中间调，向左上角拖动可提亮中间调，向右下角拖动可压暗中间调；在高光和中间调之间添加控制点可以控制图像的亮调；在阴影和中间调之间添加控制点可以控制图像的暗调。调整图像前先了解一下常见的两种调整图像明暗的曲线形状：C 形曲线——改变整体画面的明暗；S 形曲线——改变明暗区域的对比度，如图 5-30 所示。

正 C 形曲线，提亮画面

反 C 形曲线，压暗画面

正 S 形曲线，增加对比度

反 S 形曲线，降低对比度

图5-30

03 本例图片整体偏暗，但高光和阴影处并没有太大问题，因此可以考虑调整中间调。在曲线的中间位置单击添加一个控制点，向左上角拖动以提亮画面的中间调，调整前"输入"为121，调整后"输出"为153，如

图5-31所示，此时画面的亮度基本合适，如图5-32所示。

图5-31

图5-32

　　使用"曲线"命令对画面颜色进行调整时，可以选择某个颜色通道，然后对该通道进行明暗调整。使某个通道变亮，画面则会更倾向于该颜色，使某个通道变暗，则会减少画面中的该颜色成分。如果想调出淡紫色小清新效果，调整思路是：先调整"红"和"绿"通道，让画面偏红；然后调整"蓝"通道，在画面中增加蓝色；最终使画面呈现淡紫色的效果。

04 在"曲线"调整图层的"属性"面板中，选择"红"通道，在曲线上的亮调区域添加控制点，向上拖动以增加红色，调整前"输入"为176，调整后"输出"为188；在调整亮调的同时也修改了暗调

颜色，为了避免暗调被影响，在暗调区域添加控制点，向下拖动以减少红色，调整前"输入"为68，调整后"输出"为62，如图5-33所示，效果如图5-34所示。

图5-33

图5-34

05 选择"绿"通道，在曲线上的亮调区域单击以添加控制点，向上拖动以增加绿色，调整前"输入"为152，调整后"输出"为157；在暗调区域单击以添加控制点，向下拖动以减少绿色，调整前"输入"

为50，调整后"输出"为38，减少绿色（绿色和洋红色为互补色，减少绿色也就是增加洋红色），如图5-35所示，效果如图5-36所示。

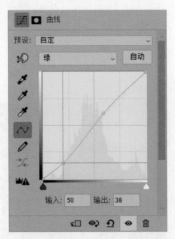

图5-35

图5-36

06 选择"蓝"通道，在曲线上的中间调区域单击以添加控制点，向下拖动以稍减一点蓝色，调整前"输入"为118，调整后"输出"为122；在暗调区域单击以添加控制点，向上拖动以增加蓝色（蓝色和洋红色互

为相邻色，增加蓝色会使洋红偏紫色）调整前"输入"为52，调整后"输出"为61，如图5-37所示。完成淡紫色"小清新"色调调整，效果如图5-38所示。

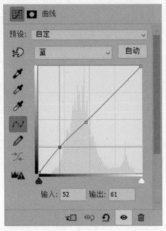

图5-37

图5-38

💡 **提示**　曲线的使用方法如下。

　　使用"曲线"命令调整图像时，如果不知道该在曲线的哪一位置添加控制点，可以使用对话框中的 🖐 按钮。单击该按钮后，将鼠标指针放在图像上，曲线上会出现一个空的圆形，它代表了鼠标指针处的色调在曲线上的位置，如图5-39所示。在画面中单击即可添加控制点，拖动控制点即可调整相应的色调，如图5-40所示。

图5-39

图5-40

将控制点拖出曲线操作界面，即可删掉不需要的控制点。

5.2.4 自然饱和度

"自然饱和度"命令用于控制整体图像的色彩鲜艳程度。下面通过对一张美食图片的调整，介绍"自然饱和度"命令的使用方法。

01 要把一张美食图片调整得让人看后更有食欲，主要需要调整图片的饱和度，让颜色鲜艳一些，再适当调整一下明暗度。打开美食海报文件，可以看到海报中的意大利面较暗淡，如图5-41所示。下面对意大利面进行调整。

02 选中意大利面所在的图层，单击菜单栏"图像">"调整">"自然饱和度"命令，打开"自然饱和度"对话框，如图5-42所示。

图5-41　　　　　　　　　　　　　　　图5-42

该对话框包含两个选项："自然饱和度"选项用于在保护已饱和颜色的前提下增加其他颜色的鲜艳度，将饱和度的最高值控制在溢出之前；"饱和度"选项不具备保护颜色的功能，它用于提高图像整体颜色的鲜艳度，其调整的程度比"自然饱和度"选项更强，图5-43所示为分别将"自然饱和度"和"饱和度"设置为100时的效果。此外，这两个选项在降低饱和度方面也有一点区别，将"自然饱和度"降到-100，画面中的鲜艳颜色会保留，只是饱和度有所降低；将"饱和度"降到-100，画面中的彩色信息被完全删除，得到黑白图像，如图5-44所示。

图5-43

图5-44

03 通常使用"自然饱和度"命令调整图像时，设置较大的"自然饱和度"和较小的"饱和度"，两个选项结合使用可得到一个较为合适的效果。在"自然饱和度"对话框中分别向左拖动滑块可以降低图像的自然饱和度与饱和度，向右拖动滑块可以提高图像的自然饱和度与饱和度。本例设置"自然饱和度"为+75、"饱和度"为+15，如图5-45所示，效果如图5-46所示。本例图片亮度合适，无须进行亮度调整。

图5-45

图5-46

5.2.5 色相/饱和度

　　"色相/饱和度"命令用于基于颜色三要素（色相、饱和度和明度）对不同色系颜色进行调整。与"自然饱和度"命令相比，使用它所获得的色调效果更加丰富。使用"色相/饱和度"命令不仅可以对整体图像颜色进行调整，也可以针对特定的颜色进行单独调整。下面以一个网店首页图中首饰的调整为例，介绍"色相/饱和度"命令的使用方法。

01 打开素材文件，可以看到画面中金色的首饰暗淡且存在偏色问题，选中它们所在的图层，如图5-47所示。

图5-47

02 单击菜单栏"图像" > "调整" > "色相/饱和度"命令，打开"色相/饱和度"对话框，如图5-48所示。该对话框包含3个主要设置选项："色相"选项用于改变颜色；"饱和度"选项用于将颜色变得鲜艳或暗淡；"明度"选项用于将色调变亮或变暗。在该对话框"预设"下方的选项中显示的是"全图"，这是默认的选项，表示调整操作将影响整个图像的颜色。

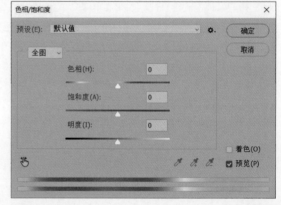

图5-48

03 首饰略微偏蓝色，拖动"色相"选项下的滑块将图像调整为偏金黄色，如图5-49所示，效果如图5-50所示。

图5-49　　　　　　　　　　　　　　　　　　　　　　　　　　　　　图5-50

04 适当增加饱和度，如图5-51所示，可以看到金色的效果增强，如图5-52所示。

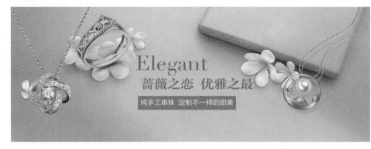

图5-51

图5-52

05 除了全图调整外，也可以针对特定颜色进行单独调整。单击"全图"选项后的按钮，打开下拉列表，其中包含红色、绿色和蓝色及青色、洋红色和黄色。选中其中的一种颜色，可单独调整它的色相、饱和度和明度。本例如果要继续增加首饰的金色，可以选中"黄色"选项，增加它的饱和度让金色更鲜亮，如图5-53所示，效果如图5-54所示。

图5-53

图5-54

5.2.6 色彩平衡

　　"色彩平衡"命令用于图片的色调调整，快速纠正图片出现的偏色问题。使用该命令可以对阴影区域、中间调和高光区域中的颜色分别做出调整。下面通过对化妆品海报中偏色的图像的调整，介绍"色彩平衡"命令的使用方法。

01 打开素材文件"润肤露"，从画面中可以看到润肤露瓶存在偏色问题，如图5-55所示。下面对润肤露瓶进行调整。

图5-55

02 选中润肤露瓶所在的图层，单击菜单栏"图像">"调整">"色彩平衡"命令，打开"色彩平衡"对话框。调整时，首先选择要调整的色调（阴影、中间调或高光），然后拖曳滑块进行调整。滑块左侧的3个颜色是"印刷三原色"，滑块右侧的三个颜色是"光学三原色"，每一个滑块两侧的颜色都互为补色。滑块的位置决定了添加什么样的颜色到图像中，当增加一种颜色时，位于另一侧的补色就会相应地减少。本例中的润肤露瓶整体存在偏色问题，可以先选择"中间调"进行调整。由于图像偏蓝色，因此应该减少蓝色，向左拖曳黄色与蓝色滑块以减少蓝色；为了使润肤露瓶的颜色与画面整体协调，向右拖曳青色与红色滑块以增加红色，向右拖曳洋红与绿色滑块以增加绿色，参数设置如图5-56所示，调整过程的效果如图5-57所示。

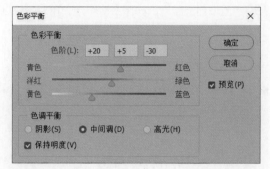

图5-56

图5-57

03 对中间调进行调整后，润肤露瓶偏色情况基本上得到纠正，但图像中的阴影部分仍偏蓝，因此减少阴影中的蓝色。参数设置如图5-58所示，润肤露瓶调整完成的效果如图5-59所示。

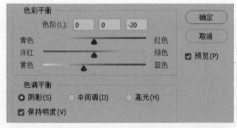

图5-58

图5-59

5.2.7 课堂实训：调整偏色的商品图片

大部分拍摄的商品图片都会存在偏色问题，如在阴天时拍摄的图片会偏蓝色、在荧光灯下拍摄的图片会偏黄绿色，偏色的商品图片会给消费者一种不真实的感觉，因此需要还原商品本身的颜色。下面为一个冰洗产品促销海报中的冰洗产品进行校色调整，进一步巩固前面所学的调色知识。制作前后的对比效果如图5-60所示。

操作思路 分析照片偏色情况，考虑使用哪些命令可以快速将偏色图片调整到位。具体操作分4步：①使用"色彩平衡"命令调整图片偏色的情况；②使用"亮度/对比度"命令提亮图片；③使用"色阶"命令提亮图片的阴影区域；④将调整好的商品图添加到冰洗产品促销海报中。

原图

效果图

图5-60

5.2.8 可选颜色

"可选颜色"命令基于颜色互补关系的相互转换原理，修改图像中每个主要原色成分中印刷色的含量。下面通过对一张图片中的天空和地面的调整，介绍"可选颜色"命令的使用方法。

01 打开"自行车比赛宣传海报"文件，可以看到画面中天空发灰，地面的光感不足，如图5-61所示。下面对该图片进行调整。

图5-61

02 选中运动人物图片所在的图层，单击菜单栏"图像"＞"调整"＞"可选颜色"命令，打开"可选颜色"对话框。印刷色的原色是青色、洋红色、黄色和黑色4种。在"可选颜色"对话框，可以看到这4种颜色的选项，如图5-62所示。如果要调整某种颜色的油墨含量，可以在"颜色"下拉列表中选中这种颜色，然后拖动下方的滑块进行调整。"青色""洋红""黄色"滑块向右移动时，可以

增加相应的油墨含量；向左移动，则油墨含量会减少，与此同时，其补色（红色、绿色和蓝色）会增加。

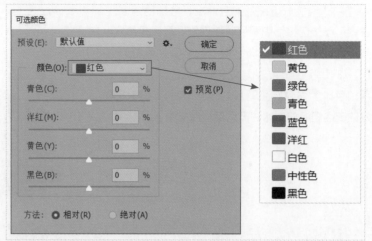

图5-62

03 处理天空的颜色让画面变得通透。影响蓝色的颜色是青色和蓝色，在"颜色"下拉列表中选择"青色"选项，向右拖动"青色"滑块使天空变蓝，向左拖动"黄色"滑块以减少黄色（增加蓝色），参数设置如图5-63所示，效果如图5-64所示。

图5-63

图5-64

如果希望图像更蓝、更透亮，可以在"颜色"下拉列表中选择"蓝色"选项，在该选项下增加青色、减少黄色。本例调整"青色"选项后天空蓝基本合适，未对"蓝色"选项进行设置。

04 处理地面的颜色。从画面看影响地面颜色的是红色，在"颜色"下拉列表中选择"红色"选项，向左拖动"青色"滑块以减少蓝色、增加红色，向右拖动"黄色"滑块以增加黄色，参数设置如图5-65所示，效果如图5-66所示。

图5-65

图5-66

💡 提示　"可选颜色"对话框最下方"方法"选项的用法：选中"相对"选项，可以按照总量的百分比修改现有的青色、洋红色、黄色和黑色的含量，例如从50%的青色像素开始添加10%，结果为55%的青色（50%+50%×10%≈55%）；选中"绝对"选项，则采用绝对值调整颜色，例如，从50%的青色像素开始添加10%，则结果为60%的青色。

📖 职场经验　**了解调色原理**

　　我们在显示器上看到的颜色其实都是通过红、绿、蓝衍生而来的。红色和绿色混合生成了黄色，绿色和蓝色混合生成了青色，蓝色和红色混合生成了洋红色，而红色、绿色、蓝色3种颜色的组合产生了白色，如图5-67所示；洋红色和黄色混合生成了红色，黄色和青色混合生成了绿色，青色和洋红色混合生成了蓝色，而青色、洋红色、黄色3种颜色的组合产生了黑色，如图5-68所示。

红色 + 绿色 = 黄色

绿色 + 蓝色 = 青色

蓝色 + 红色 = 洋红色

红色 + 绿色 + 蓝色 = 白色

图5-67

洋红色 + 黄色 = 红色

黄色 + 青色 = 绿色

青色 + 洋红色 = 蓝色

青色 + 洋红色 + 黄色 = 黑色

图5-68

　　红色的互补色是青色，与洋红和黄色是相近色，在实际调色使用中要增加红色就需要增加洋红色和黄色、减少青色；绿色的互补色是洋红色，与黄色和青色是相近色，在实际调色使用中要增加绿色就需要增加青色和黄色、减少洋红色；蓝色的互补色是黄色，与青色和洋红色是相近色，在实际调色使用中要增加蓝色就要增加洋红色和青色、减少黄色。因此互补色在调色中，增加某一颜色就相当于减少其补色。

5.2.9 黑白

　　"黑白"命令是非常强大的制作黑白图像的命令，它用于控制"光学三原色"（红色、绿色、蓝色）和"印刷三原色"（青色、洋红色、黄色）在转换为黑白色时，每一种颜色的色调深浅。例如，红色、绿色两种颜色在转换为黑白色时，灰度非常相似，很难区分，影调的层次感就会被削弱，使用"黑白"命令就可以分别调整这两种颜色的灰度，将它们的层次区分开。下面通过将运动饮料海报中的彩色人物转为黑白图像，介绍"黑白"命令的使用方法。

01 打开素材文件"运动饮料宣传海报设计"，如图5-69所示。可以看到饮料与人物在画面中所占的比重差不多，不能凸显出饮料，此时可以考虑将人物转为黑白图像，这样就可以从色彩上突出饮料。下面介绍调整步骤。

图5-69

02 将人物转为黑白图像前，先将人物衣服上的橘红色边调整为与左侧相应的蓝色。这样处理既可以增加画面的设计感，又可以使左右的图像相呼应。为衣服边创建选区（此处为获得较为准确的选区，采用钢笔工具绘制并创建选区，钢笔工具的使用方法见7.3节），按"Ctrl+J"组合键，将其单独复制到一个新图层中，使用"色相/饱和度"命令调整该图层的颜色，参数设置如图5-70所示，效果如图5-71所示。

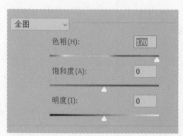

图5-70

图5-71

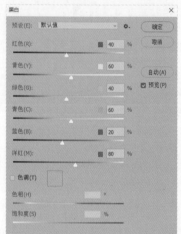

图5-72

03 将人物转为黑白图像。选中人物所在的图层，单击菜单栏"图像">"调整">"黑白"命令，打开"黑白"对话框，如图5-72所示，此时图像自动变为黑白效果，如图5-73所示。

图5-73

04 如果要对某种颜色进行单独调整，可以选中并拖动该颜色滑块进行设置，向右拖动滑块可以将颜色调亮，向左拖动滑块可以将颜色调暗。将"黄色"滑块向左拖动至合适位置，如图5-74所示，此时画面中黄色相应的区域被调暗，如图5-75所示。

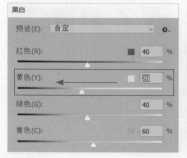

图5-74

图5-75

5.2.10 课堂案例：制作淡青色调的图片

本例的原图画面颜色较平淡，较难体现人物的青春活力，下面将这张图片处理成一种当下比较流行的色调——淡青色调。淡青色调以淡色为主，处理之前适当把图片调亮，这样画面更柔和，然后给图片背景部分增加一些淡青色或淡蓝色。本例后期处理的核心思路是增加画面的明暗对比，降低饱和度，然后把色调调成淡青色，使画面通透、干净、自然淡雅，调色时要兼顾人物肤色进行处理，具体操作步骤如下。

01 打开素材文件，如图5-76所示，可以看到画面效果较平淡，人物立体感不足。

图5-76

02 使用"色阶"调整图层压暗中间调、提亮高光，增加画面光感效果。创建"色阶"调整图层，在其"属性"面板中，向右拖动"中间调"滑块以压暗中间调，向左拖动"高光"滑块以提亮高光，如图5-77所示，调整后的效果如图5-78所示。

图5-77

图5-78

03 降低人物肤色的饱和度和明度，使画面色调均衡柔和。在进行调整之前，先要确认好目标色，然后调整。人物的肤色以红色和黄色为主，因此需要调整红色和黄色。创建"色相/饱和度"调整图层，在它的"属性"面板中，选中"红色"选项，向左拖动"饱和度"和"明度"滑块，降低红色的饱和度和明度；选中"黄色"选项，在它的属性面板中，向左拖动"饱和度"和"明度"滑块，降低黄色的饱和度和明度。参数设置如图5-79所示，效果如图5-80所示。

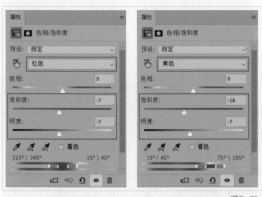

图5-79 图5-80

04 调整画面色调，让画面稍微偏蓝色。创建"色彩平衡"调整图层，在它的"属性"面板中，选中"中间调"选项，向右拖动"黄色"与"蓝色"滑块以增加蓝色，人物头发不易偏蓝，向右拖动"青色"与"红色"滑块以增加红色，减弱头发中的蓝色含量；选中"高光"选项，向左拖动"青色"与"红色"滑块以增加青色，向右拖动"黄色"与"蓝色"滑块以增加蓝色，增加画面高光处蓝色的含量。参数设置如图5-81所示，效果如图5-82所示。

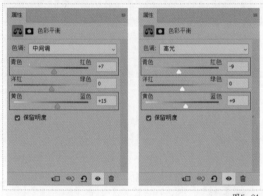

图5-81 图5-82

05 使用可选颜色针对个别颜色进行调整，使画面色调更协调。创建"可选颜色"调整图层，在它的"属性"面板中，选中"蓝色"选项，向左拖动"洋红"滑块以减少洋红色，如图5-83所示，使画面呈淡蓝色。分别选中"红色"和"黄色"选项进行调整，将人物的肤色调暗，控制明暗使层次分明，突出主体，在调整时要注意把握人物肤色与画面整体色调的协调性，参数设置如图5-84所示。选中"洋红"选项，向左拖动"洋红"滑块以减少洋红色，参数设置如图5-85所示。选中"白色"选项，向右拖动"青色"滑块以增加青色，向左拖动"黄色"滑块以减少黄色；选中"黑色"选项，向右拖动"青色"滑块以增加青色，向左拖动"黄色"滑块以减少黄色，参数设置如图5-86所示，调整后的效果如图5-87所示。

图5-83 图5-84 图5-85

图5-86

图5-87

06 使用色阶增加画面明暗对比，并单独调整部分颜色通道，使画面色调更协调。创建"色阶"调整图层，在"RGB"选项中向右拖动"阴影"滑块以压暗暗调区域，向左拖动"高光"滑块以提亮高光，通过明暗对比增加画面的光感效果，如图5-88所示。选中"红"通道，在"输出色阶"中向左拖动"白色"滑块，如图5-89所示，减少画面中的红色，使画面倾向于该通道的补色青色。选中"绿"通道，在"输出色阶"中向右拖动"黑色"滑块，如图5-90所示，增加画面中的绿色。选中"蓝"通道，向左拖动"高光"滑块让画面中的高光区域偏蓝；在"输出色阶"中向右拖动"黑色"滑块，让画面中的阴影区域偏蓝，向左拖动"白色"滑块，减少高光处的蓝色含量，如图5-91所示。效果如图5-92所示。

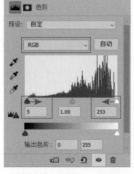

图5-88

图5-89

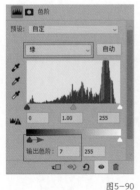

图5-90

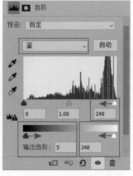

图5-91

图5-92

07 创建"调整亮度/对比度"调整图层，在它的"属性"面板中向右拖动"对比度"滑块，增加画面的明暗对比，如图5-93所示，最终效果如图5-94所示。

图5-93

图5-94

5.2.11　课堂实训：调整海报中偏色的白色衣物

原图是一张洗衣液海报，可以看到画面中的白色衣物偏黄，与画面整体色调不搭，请利用调色操作使白色衣物不显得突兀，画面整体色调更统一。制作前后的对比效果如图5-95所示。

操作思路　具体操作分两步：①使用"色彩平衡"调整图层，为白色衣物去掉黄色，让色调倾向于淡蓝色，使其与画面整体色调统一；②使用"曲线"调整图层，适当调亮白色衣物，使白色衣物更洁净。

原图

效果图

图5-95

5.3　课后习题

本例是一张"化妆品直通车"宣传图，从画面中可以看到花朵暗淡并且颜色与整体色调不协调，请做相关调整使花朵融入画面中。制作前后的对比效果如图5-96所示。

原图

效果图

图5-96

操作思路　具体操作分两步：①使用"亮度/对比度"命令适当提亮图像的亮度和对比度；②使用"色相/饱和度"命令调整花朵的色相（将花蕊颜色调整为柠檬黄色），使花朵的颜色很好地融入画面。

第 **6** 章

绘画与图像修饰

本章内容导读

本章分为绘画和图像修饰两大部分。绘画部分主要讲解绘画工具（画笔、橡皮擦、油漆桶等工具）的使用方法，以及如何使用这些工具完成颜色的设置、填充和基本的图案绘制。图像修饰部分可以分为两大类：使用污点修复画笔工具、修补工具、仿制图章工具等去除画面瑕疵；使用磨皮、锐化等操作进行图像局部的细节优化。

重要知识点

- 颜色的设置与填充方法。
- 画笔工具、铅笔工具与橡皮擦工具的使用方法。
- "画笔设置"面板的使用方法。
- 污点修复画笔工具、修补工具、仿制图章工具和"内容识别"命令的使用方法。
- 人像磨皮和锐化图片的方法。

学习本章后，读者能做什么

通过对本章的学习，读者能够完成广告设计中各种图像的颜色填充操作，并可以尝试绘制一些简单的画作；此外，还可以去除人物面部的痘痘、皱纹及服装上的多余褶皱，去除背景杂物、穿帮画面，对人物进行磨皮处理，对图片进行锐化。

6.1 设置颜色

学会设置颜色，是使用绘画工具进行创作工作之前的首要任务。Photoshop提供了强大的颜色设置功能，本节介绍如何设置颜色。

6.1.1 前景色与背景色

前景色通常用于绘制图像、填充某个区域以及描边选区等，而背景色常用于填充图像中被删除的区域（例如使用橡皮擦工具擦除背景图层时，被擦除的区域会呈现背景色）和生成渐变填充。

前景色和背景色的按钮位于工具箱底部，默认情况下，前景色为黑色，背景色为白色，如图6-1所示。

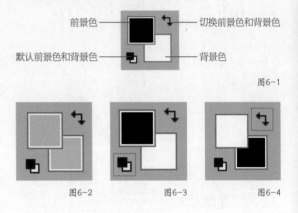

图6-1

修改了前景色和背景色以后，效果如图6-2所示。单击"默认前景色和背景色"按钮 或者按"D"键，即可将前景色和背景色恢复为默认设置，如图6-3所示；单击"切换前景色和背景色"按钮 可以切换前景色和背景色的颜色，如图6-4所示。

图6-2　　　　图6-3　　　　图6-4

6.1.2 使用拾色器设置颜色

拾色器是Photoshop中最常用的颜色设置工具，很多颜色在设置时（如文字颜色、矢量图形颜色等）都需要用到它。例如，设置前景色和背景色，可单击前景色或背景色的小色块，弹出"拾色器"对话框，然后在其中设置颜色，如图6-5所示。

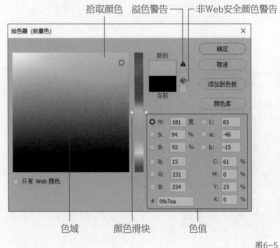

图6-5

色域/拾取颜色　在色域中的任意位置单击即可设置当前拾取的颜色。

颜色滑块　拖动颜色滑块可以调整颜色范围。

新的/当前　"新的"颜色块中显示的是当前设置的颜色，"当前"颜色块中显示的是上一次使用的颜色。

色值　显示当前所设置颜色的色值，也可在文本框中输入数值直接定义颜色。在"拾色器"对话框中，可以选择基于RGB、CMYK、HSB和Lab等颜色模式来指定颜色。在RGB颜色模式内，可以指定红色（R）、绿色（G）和蓝色（B）在0到255之间的分量值（全为0是黑色，全为255是白色）；在CMYK颜色模式内，可以用青色（C）、洋红色（M）、黄色（Y）和黑色（K）的百分比来指定每个分量值；在HSB颜色模式内，可以用百分比来指定饱和度（S）和亮度（B），以0度到360度（对应色相轮上的位置）内的角度指定色相（H）；在Lab颜色模式内，可以输入0到100的亮度值（L），以及设置从-128~+127的a值（绿色到洋红色）和b值（蓝色到黄色）。在"#"后的文本框中可以输入一个十六进制值来指定颜色，该选项一般用于设置网页色彩。

以前景色设置为例，单击工具箱中前景色的小色块，打开"拾色器"对话框，单击渐变颜色条上的颜色或拖动颜色滑块可以定义颜色范围，如图6-6所示。在色域中单击需要的颜色即可设置当前颜色，如图6-7所示。如果想要精确设置颜色，可以在"色值"区域的文本框中输入数值。设置完成后，单击"确定"按钮，即可将当前设置的颜色设置为前景色。

图6-6

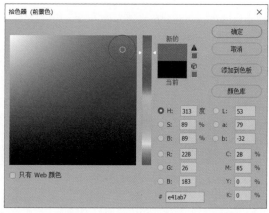

图6-7

溢色警告 ⚠ 由于RGB、HSB和Lab颜色模式中的一些颜色在CMYK颜色模式中没有与之等同的颜色，因此无法将这些颜色准确打印出来，这些颜色就是常说的"溢色"。出现该警告后，可以单击警告标识下面的小方块，将颜色替换为CMYK颜色模式中与其最为接近的颜色。

非Web安全色警告 表示当前设置的颜色不能在网上准确显示，单击警告标识下面的小方块，可以将颜色替换为与其最为接近的Web安全颜色。

只有Web颜色 选中该选项后，色域中只显示Web安全颜色。

6.1.3 使用吸管工具选取颜色

01 打开网店春装海报的设计文件，如图6-8所示。为了更好地表达主题，同时增加画面的细节，在画面的右侧添加一段赞美春天的文字，字体颜色选用海报的左侧背景色，使用该颜色可以使画面显得更加协调。

图6-8

02 ❶单击工具箱中的吸管工具 🖊，
❷将鼠标指针移至画面左侧的背景处并
单击，❸此时所选取的颜色将被作为前
景色，❹吸取颜色后在画面右侧输入文
字，效果如图6-9所示。

图6-9

03 使用吸管工具直接在画面上单击，
选取颜色后更换的是前景色，如何使
用吸管工具更换背景色？按住"Alt"
键，然后在画面中单击，此时选取的颜
色将被作为背景色，如图6-10所示。

图6-10

吸管工具的工具选项栏如图6-11所示。

图6-11

样本　选择"当前图层"选项表示只在当前图层上取样；选择"所有图层"选项表示在所有图
层上取样。

显示取样环　选中该选项，拾取颜色时会显示取样环；未选中该选项，则不显示取样环。本例
操作未选中"显示取样环"选项。

6.2 填充与描边

填充是指在图像或选区内填充颜色，描边则是指为图像或选区描绘可见边缘。填充与描边是平面设计
中常用的操作。

6.2.1 课堂案例：使用前景色为海报填充颜色

使用前景色或背景色填充在Photoshop绘图中极为常见。选中一个图层或绘制一个选区，设置合适的
前景色和背景色，按"Alt+Delete"组合键使用前景色进行填充，按"Ctrl+Delete"组合键使用背景色进
行填充。

01 打开"美味茶点"广告设计文件，可以看到画面背景比较单调，如图6-12所示。下面在画面中绘制色块，使背景更丰富。

图6-12

02 使用多边形套索工具 ✂ 在画面中绘制选区。使用该工具时在画面中的一个边角上单击，然后沿着它边缘的转折处继续单击，定义选区范围，将鼠标指针移至起点处（此时鼠标指针呈 ✂ 状）单击即可封闭选区，如图6-13所示，选区封闭后的效果如图6-14所示。

图6-13

图6-14

03 创建选区后，在背景图层的上方，新建一个图层并重命名为"蓝色块"，设置前景色的色值为"R116 G229 B216"，按"Alt+Delete"组合键使用前景色进行填充，去掉选区后的效果如图6-15所示。

图6-15

图6-16

04 使用多边形套索工具，在画面的右下角绘制选区，如图6-16所示。在"蓝色块"图层的上方新建一个图层并重命名为"黄色块"，设置背景色的色值为"R252 G232 B152"，按"Ctrl+Delete"组合键使用背景色进行填充，去掉选区后的效果如图6-17所示。

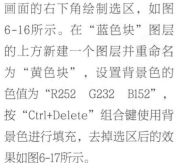

图6-17

> **提示** 在使用多边形套索工具创建选区的过程中，按住"Shift"键可以在水平、垂直或45°方向上绘制直线；如果在操作时绘制的直线不够准确，可以按"Delete"键删除，连续按"Delete"键可依次向前删除。

6.2.2 课堂案例：用油漆桶工具为插画填色

使用油漆桶工具 可以为图像或选区填充前景色和图案。填充选区时，填充区域为选区指定的区域；填充图像时，则只填充与油漆桶工具所单击点颜色相近的区域。下面使用油漆桶工具为一幅插画填色，具体操作步骤如下。

01 打开素材文件，可以看到画面的部分树木为灰色，如图6-18所示。选中需要填色的图层。

图6-18

02 单击工具箱中的油漆桶工具，在其工具选项栏的第一个选项中设置填充方式为"前景"，"容差"设置为5，选中"消除锯齿"选项，选中"连续的"选项。设置前景色为嫩绿色，色值为"R153 G207 B119"，使用油漆桶工具在左边第一棵树的树冠上单击，填充前景色，如图6-19所示。

图6-19

03 由于选中了"连续的"选项，只有与单击点处颜色相近的连续区域被填充；继续单击未被填充的区域，完成左边第一棵树树冠的填色，如图6-20所示。

图6-20

04 调整前景色，为其他树木的树冠和枝干填色。填色前注意颜色应选择适合表现春天生机盎然的嫩绿、翠绿和碧绿。其中一棵树用红色来填充，点缀画面的同时也包含春暖花开的寓意，填色后的效果如图6-21所示。

图6-21

油漆桶工具的工具选项栏如图6-22所示。

图6-22

填充方式 在该下拉列表中选择填充方式，其中包括"前景"和"图案"两个选项。选择"前景"选项，可以使用前景色进行填充；选择"图案"选项，可以在图案下拉列表中选择图案进行填充。

模式/不透明度 用来设置填充内容的混合模式/不透明度。

容差 在文本框中输入数值，可以设置填充颜色近似的范围。数值越大，填充的范围越大；数值越小，填充的范围越小。本例"容差"设为5。

消除锯齿 选中该选项，可以消除填充颜色或图案的边缘锯齿。本例选中该选项。

连续的 选中该选项，油漆桶工具只填充相邻的区域；取消选中该选项，将填充与单击点相近颜色的所有区域。本例选中该选项。

6.2.3 课堂案例：使用"填充"命令排版 1 英寸照片

1英寸照片的尺寸为2.5厘米×3.5厘米，由于尺寸较小，后期冲洗的时候，可以按照要求排版到一张大的相纸上进行冲洗，下面使用"填充"命令完成8张1英寸照片的排版（横排为4张、竖排为2张），具体操作步骤如下。

01 打开一张1英寸照片，如图6-23所示。

图6-23

02 照片四周要预留出0.1厘米的白边，以备裁剪。单击菜单栏"图像">"画布大小"命令，在打开的"画布大小"对话框中选中"相对"选项，然后分别将"宽度"和"高度"设置为0.1厘米，如图6-24所示。

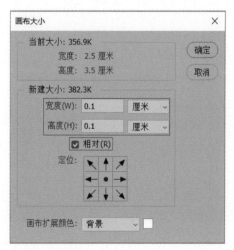

图6-24

03 单击菜单栏"编辑">"定义图案"命令，将1英寸照片定义为图案，如图6-25所示。

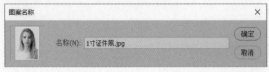

图6-25

04 按"Ctrl+N"组合键，在打开的"新建文档"对话框中，创建一个名为"排版要冲洗的1英寸证件照"的文件。设置"宽度"为4×（2.5+0.1）厘米=10.4厘米，"高度"为2×（3.5+0.1）厘米=7.2厘米，"分辨率"为300像素/英寸，"颜色模式"为RGB颜色模式，如图6-26所示。

充到文件中。单击菜单栏"编辑"＞"填充"命令，打开"填充"对话框。❶在该对话框的"内容"下拉列表中选择"图案"选项，❷然后单击"自定图案"选项右侧的按钮，❸在弹出的下拉列表中选择刚刚定义的1英寸照片，设置完成后单击"确定"按钮即可，如图6-27和图6-28所示。

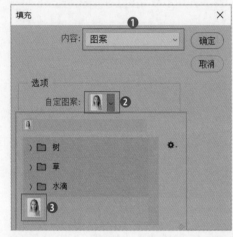

图6-27

图6-28

05 设置好文件后，可以使用油漆桶工具填充图案，也可以使用"填充"命令将定义的1英寸照片填

图6-26

📋 **职场经验**

怎么使填充的图案与原图案尺寸一致？使原图案和所要填充的文件的分辨率保持一致就可以。

6.2.4 渐变工具

渐变是指颜色从明到暗，或由深转浅，或是从一个颜色缓慢过渡到另一个颜色而产生的效果。使用渐变工具▣能够制作出缤纷的效果，使画面显得不那么单调。它是版面设计和绘画中常用的一种填充方式，不仅可以填充图像，还可以填充图层蒙版。此外，填充图层和图层样式也会用到渐变。使用渐变工具可以在图层中或选区内填充渐变颜色。下面通过为一个"化妆品直通车"图片的背景添加渐变效果，介绍渐变工具的使用方法。

01 新建大小为800像素×800像素、分辨率为72像素/英寸、名称为"化妆品直通车"的空白文件。单击工具箱中的渐变工具，❶在其工具选项栏中单击渐变颜色条，打开"渐变编辑器"对话框。本例想要填充一个由蓝色到白色的渐变，那么可以在"蓝色"渐变组中查找，❷单击"蓝色"渐变组的 》按钮，显示所有预设的蓝色渐变，可以看到预设渐变中第一个渐变颜色比较接近需要的颜色，单击该渐变颜色，它会显示在下方渐变颜色条上。如果想要让左侧滑块的颜色更蓝，❸可以双击左侧滑块色标，❹在弹出的"拾色器"对话框中更改颜色，色值为"R142 G184 B218"，❺按相同方法将右侧色标设置为白色，色值为"R255 G255 B255"，单击"确定"按钮完成设置，如图6-29所示。

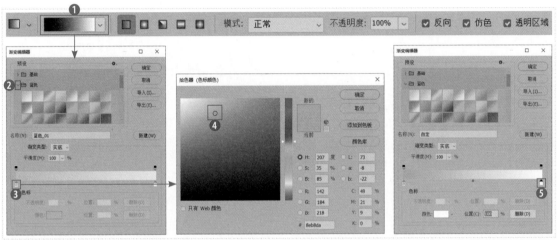

图6-29

02 在渐变工具的工具选项栏中单击"径向渐变"按钮 ，将鼠标指针放在画布的中间偏左位置，然后向右下角拖动一段距离，如图6-30所示，释放鼠标左键，背景填充为从中间向四周、由蓝到白的渐变，如图6-31所示。

图6-30

图6-31

03 在"化妆品直通车"图片中添加图片和文字后，可以看到渐变色背景的应用能够让平淡的图片更加出彩，并且突出了焦点，强调了产品，如图6-32所示。

图6-32

渐变工具的工具选项栏如图6-33所示。

渐变颜色条　　　渐变类型

图6-33

渐变颜色条 渐变条中显示了当前的渐变颜色，单击渐变颜色条可以打开"渐变编辑器"对话框，如图6-34所示。在"渐变编辑器"对话框中可以直接选择预设的渐变颜色，还可以自行设置渐变颜色和保存渐变颜色。

使用预设的渐变颜色。"渐变编辑器"对话框中的第一个渐变组是"基础"渐变组，该渐变组包含3个渐变色块，第一个是"前景色到背景色渐变"色块；第二个是"前景色到透明渐变"色块，该渐变色块常用于快速设置透明渐变；第三个是"黑，白渐变"色块。"渐变编辑器"对话框的其他预设渐变组以不同的色系进行了分组，如"蓝色""紫色""粉色""红色"等，可以到相应的渐变组中找到需要的渐变颜色。

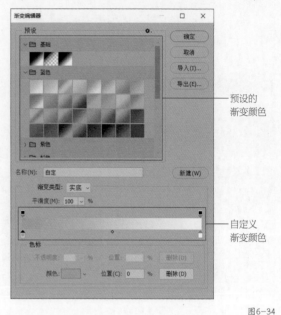

预设的
渐变颜色

自定义
渐变颜色

图6-34

在进行版面设计时，预设的渐变颜色是远远不够用的，大多数情况下都需要通过"渐变编辑器"对话框自定义渐变颜色。

添加色标。如果要设置多色渐变，渐变色标不够，在渐变颜色条下方单击即可添加色标，如图6-35所示。

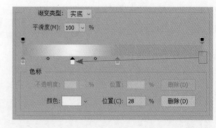

图6-36

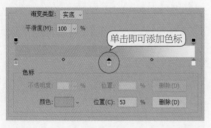

图6-35

移动色标。按住色标并拖动可以改变色标的位置，如图6-36所示。

复制色标。单击色标，然后按住"Alt"键并拖动，即可复制色标，如图6-37所示。

图6-37

设置透明渐变颜色。如果要设置带有透明效果的渐变颜色，可以单击渐变颜色条上方的色标，也可以在渐变颜色条的上方添加其他色标，然后设置"不透明度"的数值，如图6-38所示。

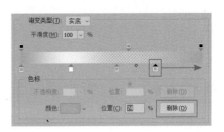

图6-39

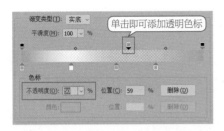

图6-38

保存渐变颜色。在渐变颜色条上设置好渐变颜色后，单击"新建"按钮，即可将渐变色保存在预设渐变组的下方，如图6-40所示。

删除色标。选中一个色标后，单击"删除"按钮或直接将它拖到渐变颜色条外，即可将其删除，如图6-39所示。

图6-40

渐变类型 渐变工具的工具选项栏中提供了5种渐变类型，选择不同的渐变类型填充图像，会产生不同的渐变效果。单击"线性渐变"按钮 🔳，可以以直线的方式创建从起点到终点的渐变；单击

"径向渐变"按钮 🔳，可以以圆形的方式创建从起点到终点的渐变；单击"角度渐变"按钮 🔳，可以以逆时针旋转的方式创建围绕起点到终点的渐变；单击"对称渐变"按钮 🔳，可以以从中间向两边呈对称变化的方式创建从起点开始的渐变；单击"菱形渐变"按钮 🔳，可以以菱形的方式从起点向外创建渐变。图6-41所示为5种渐变类型的效果（箭头的指示方向为从起点到终点的渐变填充方向）。本例使用"径向渐变"渐变类型。

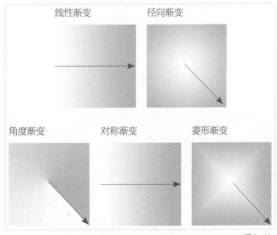

图6-41

模式 在该下拉列表中选择相应的混合模式，会使所填充图层中的图像与渐变颜色以所选模式进行混合，产生不同的填充效果（关于图层混合模式的应用见第8章）。

不透明度 在文本框中输入数值或者拖动滑块，可以对渐变的不透明度进行调整。

反向 选中该选项，可以反转渐变颜色的填充顺序。本例选中该选项。

仿色 选中该选项，可以使设置的渐变填充颜色更加柔和、自然，不出现色带效果。

透明区域 需要填充透明像素时，选中该选项，可以使用透明区域进行渐变填充；取消选中该选项，则使用前景色填充透明区域。

💡提示　在使用渐变工具进行填充时，按住"Shift"键并拖动鼠标，可以创建水平、垂直或者以水平或垂直为基础的以45°为增量角的渐变。

6.2.5 课堂实训：制作水晶质感Logo

使用渐变工具不仅可以填充整个图层，还可以在创建的选区内填充渐变颜色。本实训将使用渐变工具在选区内填充颜色，制作一个水晶质感的Logo。制作前后的对比效果如图6-42所示。

原图

操作思路　分3步制作：①为"Logo 底图"建立选区，并填充深红色渐变；②使用"收缩"命令将"Logo 底图"的选区缩小，新建一个图层，并在该选区内填充白色到透明的渐变，羽化并反选选区，删除选区外的图像；③使用移动工具将文字添加到画面中合适的位置，完成制作。

效果图

图6-42

6.2.6 课堂案例：使用"描边"命令绘制文字边框

描边操作通常用于突出画面中的某些元素，或者将某些元素与画面背景区分开来。使用"描边"命令可以为选区或图像边缘描边。在制作海报的时候，为了避免画面单调、平淡，使画面更有设计感，可以使用该命令添加一些边框来修饰画面。下面为家居海报中的一组文字添加边框。

01 打开素材文件，新建一个名为"装饰线框"的图层，使用矩形选框工具在文字处创建一个矩形选区，如图6-43所示。

图6-43

02 单击菜单栏"编辑"＞"描边"命令，打开"描边"对话框，在其中设置描边的"宽度""颜色""位置"等，如图6-44所示，单击"确定"按钮完成描边操作，按"Ctrl+D"组合键取消选区，效果如图6-45所示。

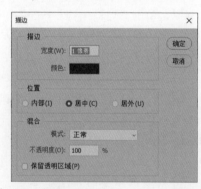

图6-44

图6-45

描边 在"宽度"选项中可以设置描边的宽度；单击"颜色"选项右侧的颜色块，可以打开"拾色器"对话框，在其中设置描边颜色。

位置 用于设置不同的描边位置，包括"内部""居中""居外"3个选项。

03 使用矩形选框工具在"装饰线框"图层上选中需要删除的区域，为其创建选区，如图6-46所示。按"Delete"键删除选区中的图像，效果如图6-47所示。

图6-46

图6-47

> **提示** 在有选区的状态下，使用"描边"命令可以沿选区的边缘进行描边；在没有选区的状态下，使用"描边"命令可以沿画面边缘进行描边。

6.3 绘画工具的应用

熟悉了Photoshop的颜色设置后，就可以正式使用Photoshop的绘画功能了。下面介绍常用的绘画工具。

6.3.1 画笔工具

在Photoshop的工具箱中，可以找到一个毛笔形状的按钮——画笔工具🖌和一个铅笔形状的按钮——铅笔工具✏。它们的区别是：使用画笔工具可以绘制带有柔边效果的线条，并且可以给图像上色；铅笔工具和我们平时所用的铅笔类似，使用它画出的线条有硬边，放大看线条边缘呈现清晰的锯齿状。铅笔工具常用于构图、勾线。图6-48所示为使用画笔工具绘制的效果，线条带有柔边；图6-49所示为使用铅笔工具绘制的效果，是图像的外轮廓线稿。

图6-48

图6-49

画笔工具是使用前景色进行绘图的（即笔触颜色为前景色）。使用画笔工具可以绘制各种形状，同时它还可以用来编辑通道和蒙版。

单击工具箱中的画笔工具，使用时先设置前景色，然后在工具选项栏中对画笔笔尖形状、大小等进行设置，设置完成后在画面中按住鼠标左键并拖动即可进行绘制。

画笔工具的工具选项栏如图6-50所示。

图6-50

单击■按钮可以打开"画笔预设"选取器，在"画笔预设"选取器中可以设置画笔的笔尖形状、大小、硬度和角度，如图6-51所示。

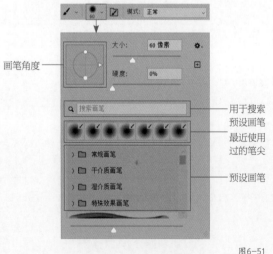

图6-51

大小 输入数值或拖动滑块可以调整笔尖大小。如果要绘制的笔触较大，将数值调大，反之将数值调小。

硬度 使用圆形画笔时，该选项用于调整画笔边缘的模糊程度，数值越小，画笔的边缘越模糊。

切换"画笔设置"面板■ 单击该按钮可以打开"画笔设置"面板和"画笔"面板（"画笔"面板中的选项与"画笔预设"选取器中的选项基本上一样，此处不赘述，"画笔设置"面板的使用方法见6.4节）。

模式 用于设置画笔的混合模式，该选项类似于图层的"混合模式"。当画笔工具在已有图案上绘制时，画笔绘制的图形将根据所选混合模式与已有图形进行混合；当混合模式设置为"正常"时，画笔所绘制的图形不会与已有图形产生混合效果。

不透明度 用于设置画笔描绘出来的图形的不透明度，数值越低，透明度越高。

流量 用于设置当鼠标指针移动到某个区域上方时应用颜色的速率，数值越高，流量越大。

喷枪 单击该按钮，可以启用喷枪功能进行绘画。将鼠标指针移动到某个区域时，如果按住鼠标左键不放，画笔工具会根据按住鼠标左键的时间长短来决定颜料量的多少，持续填充图像。

画笔角度 用于指定画笔的长轴在水平方向旋转的角度。

绘图板压力按钮 在使用绘图板时，单击按钮，可以对"不透明度"使用压力，再次单击该按钮则由画笔预设控制压力；单击按钮，可以对"大小"使用压力，再次单击该按钮则由画笔预设控制压力。

设置绘画的对称选项 单击该按钮，弹出的下拉列表中包含多种对称方式，如垂直、水平、双轴、对角、波纹、圆形、螺旋线、平行线、径向和曼陀罗。在绘制过程时，绘制的图案将在对称线上实时反映出来，使用该选项可以快速绘制复杂的对称图案。

6.3.2 课堂案例：利用画笔工具统一图片色调

图片后期处理中经常会遇到背景中存在大量杂色的情况，这时应对背景进行处理，以便突出图片中的主体。本例将介绍如何使用画笔工具去除背景中的杂色，具体操作步骤如下。

01 打开素材文件，可以看到图片背景中的红色墙面影响视觉效果，如图6-52所示，可以使用画笔工具将红色墙面变为绿色墙面。在设置画笔的颜色时，可以使用吸管工具在人物绿色衣服处拾取颜色，将前景色设置为绿色，如图6-53所示。

图6-53

02 ❶新建一个图层，并重命名为"绿色"，❷设置图层的混合模式为"颜色"，如图6-54所示。

图6-52

图6-54

03 单击工具箱中的画笔工具，打开"画笔预设"选取器，选中柔边圆画笔，设置"硬度"为0%、"大小"为150像素、"不透明度"为50%，如图6-55所示。

04 在画面背景处按住鼠标左键并拖动进行涂抹，涂抹时可以根据实际情况随时调整画笔的"大小"和"不透明度"，可以反复涂抹将原始颜色覆盖，最终效果如图6-56所示。

图6-55

图6-56

💡 **提示** 画笔工具最基本的使用方法就是使用柔边圆画笔进行涂抹绘制。使用柔边圆画笔绘制出的笔触具有柔和的过渡效果。

6.3.3 铅笔工具

铅笔工具 ✏ 和画笔工具的使用方法差不多，使用它也以前景色来绘画，使用时先设置合适的前景色，然后在工具选项栏中设置适当的笔尖硬度和笔尖大小，在画面中按住鼠标左键并拖动即可进行绘制。

铅笔工具和画笔工具的工具选项栏基本相同，只是铅笔工具的工具选项栏中包含"自动涂抹"选项，如图6-57所示。

图6-57

自动涂抹 选中该选项，当铅笔工具在包含前景色的区域上涂抹时，该涂抹区域颜色替换成背景色；当铅笔工具在包含背景色的区域上涂抹时，该涂抹区域颜色替换成前景色。图6-58所示为未选中"自动涂抹"选项的绘制效果，图6-59所示为选中"自动涂抹"选项的绘制效果。

图6-58

图6-59

💡提示 **使用快捷键调整画笔的笔尖大小和硬度**

按"["键可将画笔的笔尖大小调小，按"]"键可将画笔的笔尖大小调大；按"Shift+["组合键可以降低画笔的硬度，按"Shift+]"组合键可以提高画笔的硬度。

6.3.4 橡皮擦工具

使用橡皮擦工具 ✎ 可以擦除不需要的图像。下面通过网店首页图中多余项链的去除操作，介绍橡皮擦工具的使用方法。

01 打开素材文件，从图中可以看到位于画面左边的项链影响画面效果，干扰文字阅读，如图6-60所示，下面使用橡皮擦工具将它擦除。

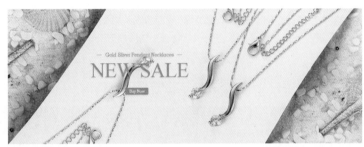

图6-60

02 单击工具箱中的橡皮擦工具，在工具选项栏中设置笔尖形状、大小等，接着选中"项链"图层，使用橡皮擦工具在左侧项链上涂抹，如图6-61所示。

图6-61

03 使用吸管工具在项链的背景图上拾取颜色，此时前景色更改为拾取的颜色，如图6-62所示。

图6-62

04 选中"背景"图层，按"Alt+Delete"组合键使用前景色进行填充，如图6-63所示。

图6-63

💡 提示　使用橡皮擦工具可以擦除不需要的图像。使用橡皮擦工具擦除普通图层时，可以擦除涂抹区域的像素；如果擦除的是背景图层或者锁定了透明区域的图层，则会以背景色填充擦除的区域。

橡皮擦工具的工具选项栏如图6-64所示。

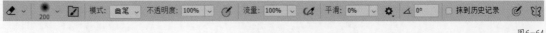

图6-64

模式　用于设置擦除方式。选择"画笔"选项时，擦除的效果为柔边圆；选择"铅笔"选项时，擦除的效果为硬边；选择"块"选项时，擦除的效果为块状，如图6-65所示。

图6-65

不透明度　用来设置擦除的强度，使用100%的不透明度可以完全擦除图像，使用较低的不透明度可擦除部分像素。当设置为"块"时，不能使用该选项。图6-66所示为设置不同"不透明度"的效果。

图6-66

流量　用来控制画笔工具的擦除速率。

抹到历史记录　使用橡皮擦工具擦除图像后，选中该选项后再次进行擦除操作，可以还原已被擦除的图像，相当于使用历史记录画笔工具。

6.4 "画笔设置"面板

使用画笔不仅可以绘制单色的线条，还可以绘制叠加图案、分散的笔触和透明度不均匀的笔触。想要绘制出这些效果，就要使用"画笔设置"面板，如图6-67所示。

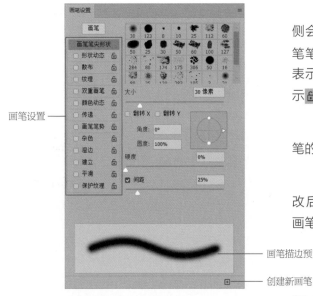

画笔设置 单击画笔设置中的选项，面板右侧会显示该选项的详细设置内容（默认显示画笔笔尖形状选项）。若选项中显示🔒图标，则表示当前画笔的笔尖形状属性为锁定状态，显示🔓图标则表示未锁定。

画笔描边预览区域 用于实时预览所选中画笔的笔触效果。

创建新画笔 当对一个预设画笔进行修改后，单击该按钮可以将其保存为新的预设画笔。

图6-67

6.4.1 画笔笔尖形状的设置

默认情况下，"画笔设置"面板显示的是"画笔笔尖形状"选项卡，在该选项卡中可以对画笔的"形状""大小""硬度""间距"等参数进行设置，调整这些参数时可以在底部的画笔描边预览区域中查看设置后的效果，如图6-68所示。

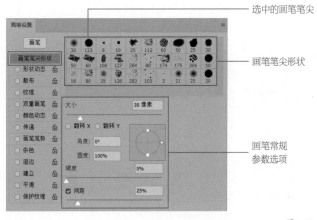

图6-68

画笔笔尖形状 显示了Photoshop中提供的预设笔尖，单击任意笔尖形状，即可将其设置为当前笔尖，在画笔描边预览区域中可以查看效果。常用笔尖形状为尖角和柔角。使用柔角笔尖绘制的线条边缘较柔和，呈现逐渐淡出的效果，如图6-69所示；使用尖角笔尖绘制的线条具有清晰的边缘，如图6-70所示。

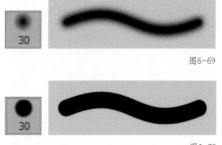

图6-69

图6-70

选中的画笔笔尖 表示当前选中的画笔笔尖。

画笔常规参数选项 在该区域中可以设置画笔的大小、硬度和间距等常规参数。

大小 用来设置画笔大小，范围为1~5000像素。

翻转X/翻转Y 用来改变画笔笔尖在其*x*轴或*y*轴上的方向，如图6-71至图6-73所示。

原图

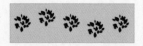

图6-71

选中“翻转X”选项

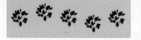

图6-72

选中“翻转Y”选项

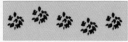

图6-73

角度 用来设置画笔笔尖的旋转角度，可通过在文本框中输入数值或拖动图中的箭头来调整。图6-74和图6-75所示分别为将角度设置为0°、50°的效果。

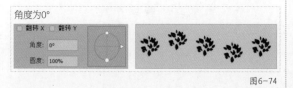

角度为0°

图6-74

角度为50°

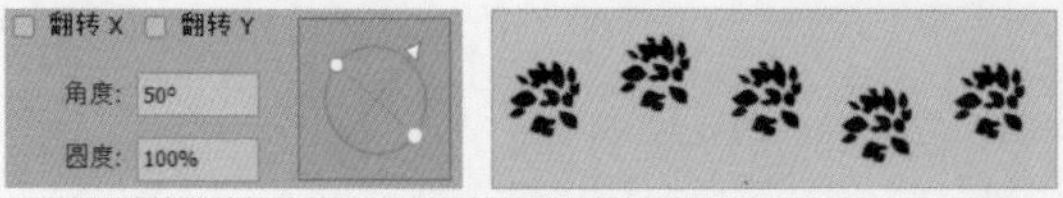

图6-75

圆度 用来设置画笔长轴和短轴之间的比例，可通过在文本框中输入数值或者拖曳控制点来调整，范围为0%~100%。以圆形笔尖为例，当圆度为100%时，笔尖为圆形，如图6-76所示；当圆度为50%时，画笔笔尖被“压扁”，如图6-77所示。

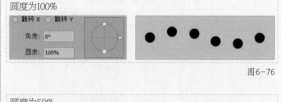

圆度为100%

图6-76

圆度为50%

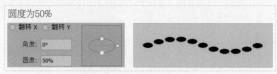

图6-77

硬度 用来控制画笔的硬度，数值越小，画笔的边缘越柔和。图6-78和图6-79所示分别为将画笔硬度设置为100%、30%的效果。

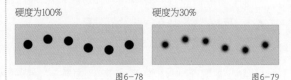

硬度为100%

图6-78

硬度为30%

图6-79

间距 用来控制描边中两个画笔笔迹之间的距离，数值越大，笔迹之间的距离越大。图6-80和图6-81所示分别为将间距设置为100%、200%的效果。

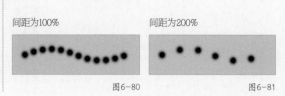

间距为100%

图6-80

间距为200%

图6-81

6.4.2 自定义画笔笔尖形状

在使用画笔工具进行绘图时，如果Photoshop的预设画笔笔尖形状不能满足需要，可以将想要的图片或形状定义为画笔笔尖形状，供后续使用。此时，需要用到“定义画笔预设”命令。定义画笔笔尖形状的方法非常简单，步骤如下。

01 打开素材文件中需要定义成笔尖形状的图片，如图6-82所示。

02 单击菜单栏"编辑">"定义画笔预设"命令，在弹出的"画笔名称"对话框中设置名称，单击"确定"按钮，如图6-83所示。

图6-82 　　　　　　　　　　　　　　　　图6-83

03 定义笔尖形状完成后，在"画笔笔尖形状"中可以看到新定义的笔尖形状，如图6-84所示。

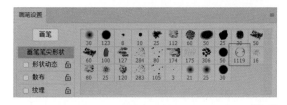

图6-84

> 💡 **提示**　Photoshop只能将灰度图像定义为画笔笔尖形状。即使使用的是彩色图像，定义完成后的画笔笔尖形状也是灰度图像，并且它是通过灰度深浅的程度来控制画笔笔尖形状的透明度的。

6.4.3 形状动态

　　形状动态主要用于调整笔尖形状的变化，包括大小抖动、最小直径、角度抖动、圆度抖动以及翻转抖动，使笔尖形状产生随机的变化。在"画笔笔尖形状"中选择一个笔尖形状，在"画笔笔尖形状"选项卡中，设置"间距"为100%。选择"画笔设置"面板中的"形状动态"选项，打开"形状动态"选项卡，如图6-85所示。

图6-85

　　最小直径　当启用了"大小抖动"后，可通过该选项设置画笔笔迹缩放的最小百分比。数值越高，笔尖直径的变化越小。图6-90和图6-91所示分别为"最小直径"设置不同数值时的效果。

　　大小抖动　用于控制画笔笔尖与笔尖之间的随机变化，数值越高，轮廓越不规则。图6-86和图6-87所示分别为"大小抖动"设置不同数值时的效果。在"控制"下拉列表中可以选择抖动方式，选择"关"选项，表示无抖动，如图6-88所示；选择"渐隐"选项，可按照指定数量的步长在初始直径和最小直径之间"渐隐"画笔笔迹，使其产生淡出的效果，如图6-89所示。

"大小抖动"为0% 　　　　　　"大小抖动"为100%

图6-86 　　　　　　　　　　　图6-87

"控制"设置为"关" 　　　　　"控制"设置为"渐隐"

图6-88 　　　　　　　　　　　图6-89

"最小直径"为20% 　　　　　　"最小直径"为60%

图6-90 　　　　　　　　　　　图6-91

角度抖动 用于设置笔尖的角度。图6-92和图6-93所示分别为"角度抖动"设置不同数值时的效果。

"角度抖动"为0%　　　　　"角度抖动"为95%

图6-92　　　　　　　　　图6-93

圆度抖动 用于设置笔尖的圆度。图6-94和图6-95所示分别为"圆度抖动"设置不同数值时的效果。使用该项调整时，需要结合"最小圆度"选项进行设置，"最小圆度"选项用于调整圆度的变化范围。

"圆度抖动"为0%　　　　　"圆度抖动"为60%

图6-94　　　　　　　　　图6-95

翻转X抖动/翻转Y抖动 用于设置笔尖在x轴或y轴上的方向。以蝴蝶形状笔尖作为示范可以更直观地表现翻转效果，如图6-96和图6-97所示。

选中"翻转X抖动"选项　　　选中"翻转Y抖动"选项

图6-96　　　　　　　　　图6-97

6.4.4 散布

散布决定了笔触的数量和位置，用于使笔触沿绘制的线条产生随机分布的效果。选择"画笔设置"面板中的"散布"选项，打开"散布"选项卡，如图6-98所示。

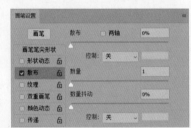

图6-98

散布 用于设置画笔笔迹的分散程度，数值越高，分散范围越广，如图6-99和图6-100所示。

"散布"为100%　　　　　　"散布"为500%

图6-99　　　　　　　　　图6-100

两轴 选中该选项后，画笔笔迹将以中间为基准，向两侧分散。

数量 用来指定在每个间距应用的画笔笔迹数量。增大该值可以重复笔迹，如图6-101和图6-102所示。

"散布"为100%、"数量"为1　　"散布"为100%、"数量"为5

图6-101　　　　　　　　　图6-102

数量抖动 用于设置画笔笔迹的数量的随机性。数值越大，画笔笔迹随机变化的程度越大，如图6-103和图6-104所示。

"散布"为0%、"数量"为1、　　"散布"为0%、"数量"为1、
"数量抖动"为0%　　　　　　　"数量抖动"为100%

图6-103　　　　　　　　　图6-104

6.4.5 课堂实训：为奔跑的人物添加动感粒子效果

本实训为奔跑的人物添加一些动感粒子来丰富画面效果。制作前后的对比效果如图6-105所示。

操作思路 分4步制作：①将旧版画笔（旧版画笔指之前版本包含的画笔）添加到"画笔"面板中。②选择画笔工具，在"画笔"面板中选择一种粒子笔尖形状，设置它的"大小""圆度""角度"和"间距"等；③控制"形状动态"和"散布"的数值使粒子呈现自然分布状态；④创建不同的图层，绘制大小不同的粒子，使粒子效果更自然。

图6-105

6.5 图像修饰

图片中多余的干扰物、穿帮内容，人物面部的痘痘、斑点、瑕疵，以及衣服的褶皱等问题都可以在Photoshop中轻松解决。Photoshop提供了大量的图像修饰工具，下面就来了解一些常用修饰工具的使用方法，以便在不同场合灵活应用修饰操作。

6.5.1 污点修复画笔工具

使用污点修复画笔工具 ✐，可以消除图像中较小面积的瑕疵，例如人物皮肤上的斑点、痣，或者去除画面中的细小杂物。直接使用该工具在瑕疵上单击即可将其去除，修复后的区域会与周围图像自然融合，包括颜色、明暗、纹理等。下面通过为一个杂志封面人物的皮肤去除斑点，详细介绍污点修复画笔工具的使用方法。

01 打开素材文件，如图6-106所示。从图中可以看到人物面部有一些斑点。下面使用污点修复画笔工具将人物面部斑点去除。先复制一个图层，在复制的图层上进行修饰，这样可以不破坏原始图像。图6-107所示为放大的细节图。

图6-106   图6-107

02 单击工具箱中的污点修复画笔工具，在其工具选项栏中选择一个柔角笔尖，将"类型"设置为"内容识别"，设置合适的笔尖大小，在人物面部斑点处单击，即可去除斑点，如图6-108所示。

图6-108

对于不规则的斑点，也可以使用污点修复画笔工具（像使用画笔涂抹一样）进行涂抹，涂抹后的地方将智能地与周围图像融合。

03 使用污点修复画笔工具对人物皮肤上的较小斑点依次单击或涂抹去除，去除效果如图6-109所示。由于污点修复画笔工具适合对一些细小瑕疵进行修饰，使用该工具修饰一些较大瑕疵后，100%放大图片查看效果会发现有时候纹理细节效果并不理想，此时可以考虑使用Photoshop中的修补工具。

图6-109

6.5.2 修补工具

修补工具 🔘 常用于修饰图像中较大的污点、穿帮内容、人物面部的痘印等。修补工具是利用其他区域的图像来修复选中的区域。它与污点修复画笔工具一样，使用时系统会智能地使修复后的区域与周围图像自然融合。继续使用上一例图，在使用污点修复画笔工具修饰的基础上，使用修补工具去除人物面部较大斑点。

01 打开素材文件并将其放大，如图6-110所示。

02 单击工具箱中的修补工具，将鼠标指针移至斑点处，按住鼠标左键沿斑点边缘拖动绘制选区（在选区与斑点边缘稍微让出一点距离，以便图像融合），释放鼠标左键，得到一个选区，将鼠标指针放置在选区内，向与选区内纹理相似的区域拖动（选区中的像素会被拖动位置的像素替代），如图6-111所示。移动到目标位置后释放鼠标左键，效果如图6-112所示。

图6-110　　　　　　　　　　　　　　　　图6-111　　　　　　　　　　　　　　　图6-112

03 使用修补工具去除人物皮肤上的斑点，效果如图6-113所示。将修复好的人物应用到杂志封面，效果如图6-114所示。

图6-113　　　　　　　　　　　图6-114

6.5.3　仿制图章工具

仿制图章工具 ![icon] 是后期修饰中相当重要的工具，该工具常用于人物皮肤的处理或去除一些与主体较为接近的杂物。使用仿制图章工具，能完全照搬取样位置的图像覆盖到需要修补的地方。如果使用仿制图章工具修复后的区域与周围没有融合，可以设置不透明度与流量来控制覆盖的浓淡程度。下面通过去除图片中的干扰内容，详细介绍仿制图章工具的使用方法。

01 打开素材文件中的人像图片，如图6-115所示。从图中可以看到背景中的光束与人物面部重叠。下面使用仿制图章工具将干扰人物面部的光束精确地消除掉。为了避免原始图像被修改，应在复制的图层上进行修饰。

图6-115

02 单击工具箱中的仿制图章工具，设置合适的笔尖大小，在需要修复位置的附近按住"Alt"键并单击，拾取像素样本，如图6-116所示。将鼠标指针移动到画面中需要修复的位置，按住鼠标左键进行涂抹覆盖（沿背景纹理进行涂抹覆盖，可进行多次覆盖操作），如图6-117所示。

图6-116

图6-117

127

03 消除面部、发丝处的光束。此处不能直接使用仿制图章工具，否则容易使边界错位以致修补到不该修补的区域。要修补这种干扰物离主体太近的区域时，可以先将需修补区域创建为选区，然后进行修补操作（基于选区的特性，选区内的图像能进行修改，选区外的图像不会被修改）。使用快速蒙版创建选区（使用柔边笔尖绘制并创建羽化效果的选区，可以使修补区域的边缘自然过渡），如图6-118所示。

图6-118

04 使用仿制图章工具，顺着背景纹理将选区内的光束覆盖掉，效果如图6-119所示。将与人物面部重叠部分的光束处理掉后，可以继续使用仿制图章工具处理掉上半段光束，但使用该工具修补此处会费时费力。此时可以考虑使用"内容识别"命令，快速去除大面积的干扰物。

图6-119

6.5.4 "内容识别"命令

当画面中有较大面积的杂乱图像需要修复时，如果使用仿制图章工具或修补工具，不但费时费力，还容易出现过渡不自然的情况。使用"内容识别"命令对图像的某一区域进行覆盖填充时，Photoshop会自动分析周围图像的特点，将图像进行拼接组合后填充在该区域并进行融合，从而呈现自然的拼接效果。配合选区的操作，可以一次性去除多个画面元素。继续使用上一例图，在使用污点修复画笔工具修复的基础上，使用"内容识别"命令去除上半段光束。

01 打开素材文件。使用"内容识别"命令前要在需进行内容识别填充的区域创建选区，此处使用套索工具将上半段光束创建为选区（选区要比需去除的区域大一些，目的是预留出融合空间），如图6-120所示。

图6-120

02 单击菜单栏"编辑" > "填充"命令或按"Shift+F5"组合键，打开"填充"对话框，在"内容"下拉列表中选择"内容识别"选项，其他为默认设置，如图6-121所示。单击"确定"按钮，进行内容识别填充。如果一次填充效果不理想，可以做多次填充。效果如图6-122所示。

图6-121

图6-122

6.5.5 课堂实训：去除人像图片中的瑕疵和杂物

处理人像图片时，通常要对画面的细节进行修饰，例如人物面部瑕疵、衣服褶皱、画面中的杂物等。本实训需要去除人物面部的瑕疵，墙面的污点、插座，地面的污点等。制作前后的对比效果如图6-123所示。

原图

效果图

图6-123

<u>操作思路</u> 分3步制作：①使用污点修复画笔工具与修补工具去除人物面部的瑕疵，以及墙面和地面的污点；②使用修补工具去除地面的污点；③使用仿制图章工具与"内容识别"命令去除墙面插座。

6.6 磨皮与锐化

磨皮与锐化是在图像细节修饰完成后进行的处理工作。磨皮是美化人像的重要操作，指对人物的皮肤进行美化处理，使皮肤显得白皙、光滑和细腻。锐化则用于处理细节纹理不清晰的图片。

6.6.1 课堂案例：使用高反差计算功能磨皮

人像修饰中很重要的一个环节就是磨皮，当人物面部有较为密集的斑点、痘痘时可以使用高反差计算进行磨皮处理。高反差计算是一种比较综合的人像磨皮方法，主要是运用"通道"面板、"高反差保留"命令、"计算"命令和"曲线"调整图层等完成磨皮处理，大致思路是：先选择斑点最多的通道并复制，然后通过计算把斑点处理明显，得到斑点的选区后再用曲线调亮以消除斑点。具体操作步骤如下。

01 打开素材文件，如图6-124所示，进入"通道"面板，选择瑕疵最明显的通道，这里选择"蓝"通道。按住鼠标左键不放将其拖曳至"创建新通道"按钮上，复制"蓝"通道，得到"蓝 拷贝"通道，如图6-125所示。

图6-124

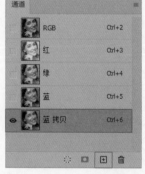

图6-125

02 单击菜单栏"滤镜">"其他">"高反差保留"命令，在打开的"高反差保留"对话框中，设置"半径"为9像素（半径用于控制图像边缘的宽度），单击"确定"按钮，如图6-126所示。"高反差保留"滤镜的作用是将照片中明暗差别或色差差别较大的保留下来，而将其他图像以灰色图像进行显示。

图6-126

03 执行3次"计算"操作，强化明暗对比。单击菜单栏"图像">"计算"命令，打开"计算"对话框，设置"混合"为"强光"，其他参数保持默认设置，如图6-127所示。单击"确定"按钮完成操作，在"通道"面板中可以看到自动生成一个"Alpha 1"通道。选中"Alpha 1"通道，执行"计算"操作，得到"Alpha 2"通道；选中"Alpha 2"通道，执行"计算"操作，得到"Alpha 3"通道，如图6-128所示。调整后，在画面中可以很明显地看到瑕疵。

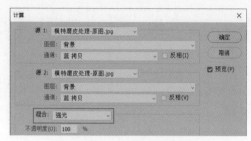

图6-127

图6-128

04 设置前景色为灰色（色值为"R128 G128 B128"），使用画笔工具在眼睛、嘴巴、手等处涂抹，使磨皮效果不会影响到这些地方，如图6-129所示。

图6-129

05 按住"Ctrl"键的同时单击"Alpha3"通道,此时画面中的高光区域建立选区,单击菜单栏"选择">"反选"命令或按"Shift+Ctrl+I"组合键反选选区,将暗部斑点建立为选区。如图6-130和图6-131所示。

图6-130

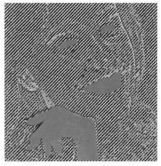

图6-131

06 选中"通道"面板中顶端的"RGB"复合通道,然后切换回"图层"面板(注意这一步一定不能忽略,此时画面显示彩色,如果直接回到"图层"面板,则图像会显示"蓝"通道灰度颜色),如图6-132和图6-133所示。

图6-132

图6-133

07 创建"曲线"调整图层,此时该调整图层只对选区中的内容起作用。在其属性面板中,选择"RGB"通道,在曲线上的中间调区域添加控制点,调整前"输入"为117,调整后"输出"为156,提亮画面。调整后,皮肤变得细腻光滑,人物面部的斑点基本去除,如图6-134和图6-135所示。

图6-134

图6-135

08 按"Alt+Shift+Ctrl+E"组合键,将图像效果盖印到一个新的图层中,并重命名为"去除瑕疵",使用污点修复画笔工具将面部的细小瑕疵去除。按"Ctrl+J"组合键复制"去除瑕疵"图层,并重命名为"滤色提亮",设置图层的混合模式为"滤色","不透明度"为45%,如图6-136和图6-137所示。

图6-136

图6-137

6.6.2 课堂案例：使用"智能锐化"滤镜提高图片清晰度

　　拍摄照片时，如果持机不稳或没有准确对焦，得到的画面就会"发虚"，后期修图需要进行锐化处理。Photoshop中的"智能锐化"滤镜提供了许多锐化控制选项，可以在锐化的同时清除由锐化所产生的杂色，精确地控制锐化效果。

01 打开一张细节不够清晰的图片，如图6-138所示。

图6-138

图6-139

02 单击菜单栏"滤镜">"锐化">"智能锐化"命令，打开"智能锐化"对话框，进行参数设置，如图6-139所示。

03 设置完成后，单击"确定"按钮，将图片放大查看，对比锐化前后效果，可以看到锐化后的花瓣更清晰，轮廓分明，如图6-140所示。

锐化前　　　　　　　　　锐化后

图6-140

6.7 课后习题

　　（1）设计海报时，有时会将主体放在有条纹的背景图里，这样会更突出主体并起到充实画面背景的作用。请为一张网店主图绘制背景横条和竖条，从而巩固颜色设置、为选区填充颜色等操作。效果如图6-141所示。

效果图

图6-141

效果图

图6-142

　　（2）背景在海报设计中起着重要作用，背景色既要使主体能够很好地融合到背景中，同时又要突出主体。为了不使画面颜色显得单调，通常使用渐变颜色来填充背景。请为一张网店新鲜榴莲促销海报填充渐变背景，从而巩固渐变工具的使用方法。效果如图6-142所示。

第 **7** 章

矢量绘图工具的应用

本章内容导读

本章主要讲解Photoshop中的矢量绘图工具，它分为两大类：形状工具和钢笔工具。形状工具常用于绘制规则的几何图形，钢笔工具常用于绘制不规则的图形或抠图。

重要知识点

- 不同的绘图模式。
- 路径和锚点之间的关系。
- 形状工具和钢笔工具的使用方法。
- "路径"面板的使用方法。
- 路径的编辑方法。

学习本章后，读者能做什么

通过对本章的学习，读者能够使用形状工具和钢笔工具绘制各种各样的图标、矢量插画以及Logo设计图，还可以使用钢笔工具抠取各种较为复杂的图像。

7.1 绘图模式

矢量绘图工具包括形状工具（如矩形工具、椭圆工具、多边形工具、直线工具和自定形状工具）和钢笔工具。使用矢量绘图工具不仅可以绘制路径，还可以绘制形状和像素。图7-1所示的App界面中的图标就是使用矢量绘图工具绘制的。

图标

图7-1

7.1.1 选择绘图模式

使用矢量绘图工具绘制矢量图形时，需要先在工具选项栏中选择相应的绘图模式。以矩形工具为例，在工具选项栏中可以看到绘图模式包括"形状""路径""像素"，如图7-2所示，选择不同的绘图模式，可以创建不同类型的对象。下面就来介绍"形状""路径""像素"绘图模式的特征，以便为学习使用矢量工具（尤其是钢笔工具）打下基础。

图7-2

选择"形状"选项后，绘制的图形自动新建为形状图层，如图7-3所示。形状图层由路径和填充区域组成，路径是图形的轮廓，填充区域可以设置形状的填充，可以将其填充为某种颜色、图案或无填充。选择"形状"选项后，绘制的矢量对象会在"路径"面板中显示，如图7-4所示。使用矩形工具、椭圆工具、多边形工具和自定形状工具时通常选择该选项。

图7-3　　　　　　　　　　　　　图7-4

选择"路径"选项后，只能绘制路径，它不具备颜色填充属性，所以无须选中图层。绘制出的是矢量路径，在"路径"面板中显示为"工作路径"，如图7-5所示。路径的使用情况分为两种：①使用钢笔工具抠图时，绘制路径后通常需要将路径转换为选区；②绘制较为复杂的图形时，先将绘图模式设置为"路径"，然后将路径转换为形状，再进行填色或描边（这样操作是由于路径为线条勾勒，可以更清晰地看出图形绘制走向）。

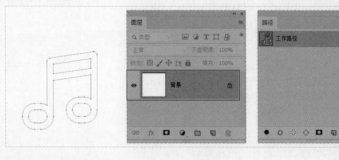

图7-5

选择"像素"选项后，需要先选中图层；它以前景色填充绘制的区域，绘制出的对象为位图，因此"路径"面板中没有显示，如图7-6所示。形状工具可以使用该选项，钢笔工具不可使用该选项。

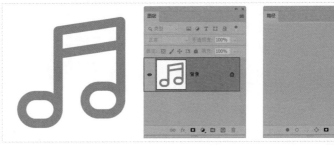

图7-6

由于"像素"绘图模式属于位图绘图范畴，下面主要讲解"形状"和"路径"绘图模式中的工具和命令的功能和使用方法。

7.1.2 "形状"绘图模式

使用形状工具组中的各个工具或钢笔工具时，都可以将绘图模式设置为"形状"。在"形状"绘图模式下，可以设置形状的填充为"纯色""渐变""图案""无颜色"，同时还可以对形状进行描边，如图7-7所示。在"形状"绘图模式下绘图时，既可以方便地设置颜色，又可以方便地进行图形更改，同时当需要将作品放大时，绘制的图形不会因为放大而影响质量。当需要输出大幅设计作品时，最好使用该绘图模式进行绘制。

下面以设计某裙装海报为例，介绍如何使用"形状"模式绘图。

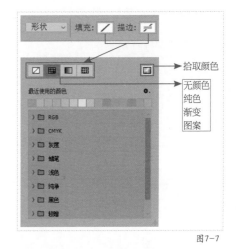

图7-7

1. 对图形进行填充

填充无颜色 打开素材文件，单击工具箱中的矩形工具，在工具选项栏中设置绘图模式为"形状"，然后单击"填充"下拉面板中的"无颜色"按钮 ，同时"描边"设置为"无颜色" ，如图7-8所示。拖动鼠标绘制图形，如图7-9所示。

图7-8

图7-9

填充纯色 单击"填充"下拉面板中的"纯色"按钮 ，在下方选择需要的颜色，如图7-10所示；拖动鼠标绘制图形，该图形就会被填充为所选的颜色，如图7-11所示。如果未找到需要的颜色，可以单击"拾色器"按钮 ，打开"拾色器"对话框，在其中自定义颜色。本例使用纯色（白色）填充。

图7-10 图7-11

填充渐变 单击"填充"下拉面板中的"渐变"按钮▣，然后选择相应的渐变颜色或自定义渐变颜色，在渐变颜色条的下方可以设置渐变类型和角度，如图7-12所示。设置完渐变颜色后，绘制图形，效果如图7-13所示。

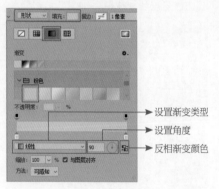

图7-12 图7-13

填充图案 单击"填充"下拉面板中的"图案"按钮▦，然后选择合适的图案，如图7-14所示。绘制图形，图形效果如图7-15所示。

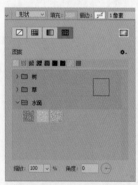

图7-14 图7-15

2. 对图形进行描边

使用"描边"选项时，可以用纯色、渐变颜色或图案进行描边，此外还可以设置"描边粗细"和"描边类型"。下面以纯色填为例进行介绍。

设置描边颜色 将"填充"设置为白色，单击"描边"下拉面板中的"纯色"按钮 ▦，单击"拾色器"按钮，在"拾色器"对话框中设置颜色，将色值设置为"R175 G222 B224"，如图7-16所示。

设置描边类型和描边宽度 单击"形状描边类型"按钮 ——⌄，弹出"描边选项"下拉面板，如图 7-17 所示。在该下拉面板中可以通过单击实线、虚线或圆点来设置描边类型，在"形状描边宽度"选项中输入数值或拖动滑块可以设置描边的宽度，设置完成后需要按"Enter"键确认。设置"形状描边宽度"为 25 像素，分别使用不同的描边类型，效果如图 7-18 所示。

图7-16

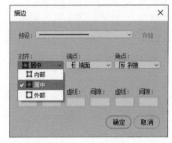

图7-17

图7-18

在"描边选项"下拉面板中单击 更多选项... 按钮，弹出"描边"对话框，其中包含"对齐""端点""角点""虚线"等选项，如图 7-19 所示。

对齐 用于设置描边的位置，包括"内部""居中""外部"3 个选项，图 7-20 所示为选择不同对齐方式的效果。

图7-19

图7-20

137

端点　用于设置开放式路径下描边类型为实线时描边端点的类型，包括"端面""圆形""方形"3个选项。

角点　用于设置描边类型为实线时路径转角处的转折样式，包括"斜接""圆形""斜面"3个选项。

虚线　包含"虚线"和"间隙"两个选项。"虚线"选项用于设置描边类型为虚线时，虚线的长短；"间隙"选项用于设置描边类型为虚线或圆点时，虚线或圆点之间的距离。

例图的描边位置为"居中"，角点为"斜接"，为了显示出手绘的背景效果，降低该图层的不透明度。本例最终效果如图7-21所示。

图7-21

7.1.3 "路径"绘图模式

使用钢笔工具时，通常使用"路径"绘图模式进行绘制。在使用"路径"模式绘图前，要了解什么是路径、什么是锚点。

1. 认识路径

路径实际上就是使用绘图工具创建的任意形状的曲线，用它可勾勒出物体的轮廓，所以路径也被称为轮廓线。为了满足绘图的需要，路径又分为：有起点和终点的开放路径，如图7-22所示；没有起点和终点的封闭路径，如图7-23所示；由多个相互独立的路径组成的路径组件，这些路径称为子路径，图7-24所示的路径中包含5个子路径。

图7-22　　　图7-23　　　图7-24

2. 认识锚点

路径常由直线路径或曲线路径组成，它们通过锚点相连接。

锚点分为两种，一种是平滑点，另一种是角点。平滑点连接形成平滑的曲线，如图7-25所示；角点连接形成直线，如图7-26所示。曲线路径端上的锚点有方向线，方向线的端点为方向点（红框处），它们用于调整曲线的形状。平滑锚点和角点锚点可以相互转换，具体操作方法见7.3.3小节。

平滑点连接的曲线　　　角点连接的直线

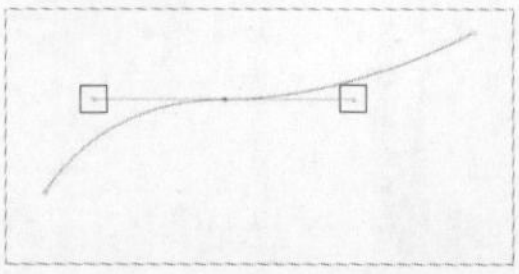

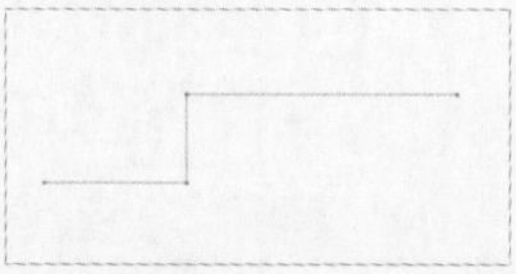

图7-25　　　　　图7-26

3. 将路径转为选区、蒙版或形状

在工具箱中单击钢笔工具，设置绘图模式为"路径"，将棒棒糖的外轮廓绘制成路径（本例路径的创建方法见7.3.6小节），如图7-27所示。

在工具选项栏中单击"选区""蒙版""形状"按钮，可以将路径转换为选区、矢量蒙版、形状图层，如图7-28所示，转换的效果如图7-29所示。

图7-27

图7-28

单击"选区"按钮

单击"蒙版"按钮

单击"形状"按钮

图7-29

7.2 使用形状工具绘图

Photoshop中的形状工具有6个：矩形工具 □、椭圆工具 ○、多边形工具 ○、三角形工具 △、直线工具 ╱ 和自定形状工具 ⚙。使用这些工具可以绘制出各种常见的矢量图形。下面结合实际应用介绍常用形状工具的使用方法。

7.2.1 矩形工具

使用矩形工具可以绘制标准的矩形对象。矩形在平面设计中的应用非常广泛，下面就以绘制一个化妆品广告中的虚线框为例，介绍矩形工具的使用方法。

01 打开"化妆品广告"文件，如图7-30所示。下面使用矩形工具在图中绘制一个矩形虚线框，以美化画面。

图7-30

02 单击工具箱中的矩形工具，在工具选项栏中设置绘图模式为"形状"，设置"填充"为 ╱，设置描边颜色为白色，将描边类型设置为虚线，可以先预估一个描边宽度值，如图7-31所示。在相应画面中按住鼠标左键并向右下角拖动，释放鼠标左键后即可绘制一个矩形对象，如图7-32所示。

图7-31

03 可以看到绘制的虚线太细，此时可以修改描边宽度值，使虚线的宽度合适，本例设置描边宽度值为2点，修改数值后按"Enter"键确认，效果如图7-33所示。

图7-32

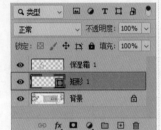

图7-33

使用矩形工具可以绘制圆角矩形对象。绘制的圆角矩形的4个角圆润、光滑，不像直角那样棱角分明。在平面设计中，为了区分类别、突出文字、增加可读性，通常使用图框将文字框选，如图7-34所示，"五大优势"的外框就是使用矩形工具绘制的，具体操作步骤如下。

图7-34

01 打开网店宣传海报，如图7-35所示。

02 单击工具箱中的矩形工具，在工具选项栏中设置绘图模式为"形状"，设置"填充"为 ⬜，将描边类型设置为"实线"，设置描边宽度值为1像素、圆角半径值为"5像素"（值越大，圆角越大），如图7-36所示。

图7-35

图7-36

03 按住"Shift"键的同时拖动鼠标，绘制一个圆角矩形，如图7-37所示。

04 按"Ctrl+J"组合键复制4个圆角矩形，然后对圆角矩形和文字进行对齐操作，完成效果如图7-38所示。

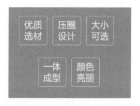

图7-37　　　　　　　　　　图7-38

在平面设计中经常看到一种同时包含直角和圆角的图形或圆角弧度不相等的图形，这种图形是如何绘制的呢？选择矩形工具，在工具选项栏设置好"填充"后直接在画面中单击，弹出"创建矩形"对话框，在"半径"选项中可以设置矩形的四角是直角或圆角。当数值等于0时为直角，当数值大于0时为圆角；数值越大；圆角半径越大。

打开周年特供商品海报，"创建矩形"对话框中参数的设置如图7-39所示，设置完成后单击"确定"按钮即可进行绘制，得到的效果如图7-40所示的图形。圆角的弧度如果不合适，也可以在"属性"面板中修改，如图7-41所示。

图7-39

图7-40　　　　　　　　图7-41

7.2.2 椭圆工具

使用椭圆工具可以绘制圆或椭圆，图7-42中的圆形元素就是使用椭圆工具绘制的。椭圆工具的使用方法及选项与矩形工具基本相同。具体使用方法这里不赘述。

图7-42

> 💡提示　使用矩形工具、圆角矩形工具或椭圆工具时，按住"Shift"键并拖动鼠标可以创建正方形、圆角正方形或圆形；按住"Alt"键并拖动鼠标，会以鼠标指针所在的位置为中心创建图形；按住"Alt+Shift"组合键并拖动鼠标，会以鼠标指针所在的位置为中心向外创建正方形、圆角正方形或圆形。

7.2.3 多边形工具

多边形工具用来绘制多边形（最少为3条边），例如三角形、星形等。多边形在平面设计中的应用也非常广，例如标志设计、UI设计等。下面就以为茶叶店铺设计Logo为例，介绍多边形工具的使用方法。本实例的效果如图7-43所示。

图7-43

01 新建一个5厘米×5厘米、分辨率为300像素/英寸、名为"一品铭茶Logo"的文件。首先绘制Logo底图，这是一个圆角六边形。单击工具箱中的多边形工具，在工具选项栏中设置绘图模式为"形状"，设置"填充"为绿色（色值为"C58 M22 Y100 K0"），将"描边"设置为 🔲，边数设置为6（边数设置为3可创建三角形，边数设置为5可创建五边形，依此类推），圆角半径设为70像素，如图7-44所示。在画布中按住"Shift"键并拖动鼠标，释放鼠标左键后即可绘制一个圆角六边形（拖动时可以调整多边形的角度），如图7-45所示。

图7-44

图7-45

02 按"Ctrl+T"组合键，此时圆角六边形上出现变换框，在工具选项栏中设置旋转角度为90度，如图7-46所示，按"Enter"键完成变换操作，此时圆角六边形旋转90°，效果如图7-47所示。

图7-46

图7-47

03 按"Ctrl+J"组合键复制刚刚绘制的多边形的图层，将得到的副本图层重命名为"多边形1 白"，如图7-48所示。选中该图层，在多边形工具的工具选项栏中，将"填充"设置为白色，按"Enter"键确认，效果如图7-49所示。按"Ctrl+T"组合键进行调整，如图7-50所示，然后按"Alt"键由外向中心缩小图形，缩小后按"Enter"键确认，效果如图7-51所示。

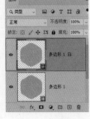

图7-48

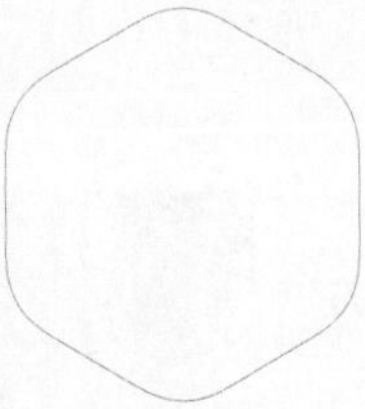

图7-49

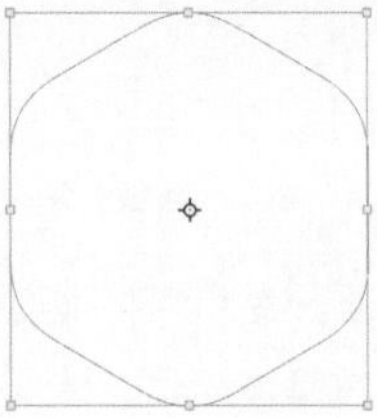

图7-50

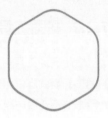

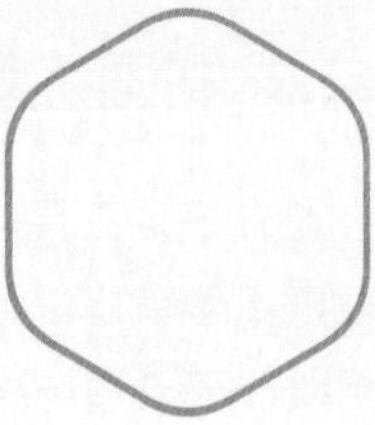

图7-51

04 添加文字和直线，完成Logo的制作，效果如图7-52所示；将制作好的Logo应用到企业名片中，效果如图7-53所示。

图7-52

图7-53

使用多边形工具绘制星形。在多边形工具的工具选项栏中单击 ⚙ 按钮，在弹出的下拉面板中可以设置路径选项和星形比例等，如图7-54所示。

粗细 在该选项中输入数值，可以设置路径的粗细。

颜色 在该选项的下拉列表中选择颜色，可以更改路径的颜色。

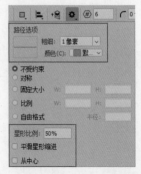

图7-54

星形比例 该选项用于绘制星形。可以设置星形边缘向中心缩进的数量，数值越高，缩进量越大，如图7-55和图7-56所示。选中"平滑星形缩进"选项，可以使星形的边缘平滑地向中心缩进，如图7-57所示。

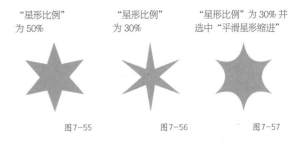

"星形比例"为50%	"星形比例"为30%	"星形比例"为30%并选中"平滑星形缩进"

图7-55　　　　　　图7-56　　　　　　图7-57

> 💡 **提示**　使用多边形工具绘制星形后，如果不想继续绘制星形而要绘制多边形，则需要将"星形比例"设置为100%，再进行绘制。

7.2.4 直线工具

使用直线工具 ✓ 不仅可以绘制直线，还可以绘制带有箭头的线段。直线的画法比较简单，这里就不介绍。下面以制作一个汽车维修指示牌为例，介绍如何使用直线工具绘制箭头。

01 打开素材文件"汽车维修指示牌"，如图7-58所示。可以看到画面中缺少方向性指示，下面使用直线工具在画面中绘制向右的箭头。

02 在工具箱中单击直线工具 ✓，在工具选项栏中设置"填充"为红色（色值为"C20 M100 Y100 K0"），"粗细"设为25像素（数值越大，线段越宽），描边类型设为实线，如图7-59所示。

图7-58

图7-59

03 单击 ⚙ 按钮，打开的下拉面板中包含箭头选项，该选项用于控制绘制的线段是否加箭头，本例选中"终点"选项，然后设置箭头的大小，设置"宽度"为60像素、"长度"为60像素、"凹度"为0%，如图7-60所示。设置完成后，在画面左侧按住鼠标左键并向右拖动，绘制出带有箭头的线段，效果如图7-61所示。

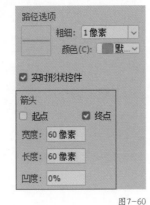

图7-60 　　　　　　　　　　　　　　　　　图7-61

起点 / 终点　选中"起点"选项后，绘制的线段起点部分为箭头；选中"终点"选项后，绘制的线段终点部分为箭头；同时选中"起点"选项和"终点"选项，绘制的线段两端都为箭头。

凹度　用来设置箭头的凹陷程度，范围为-50%～50%。当数值为0%时，箭头尾部齐平，如图7-62所示；当数值大于0%时，箭头向内凹陷，如图7-63所示；当数值小于0%时，箭头向外突出，如图7-64所示。

"凹度"为0%　　　　"凹度"为50%　　　　"凹度"为-50%

图7-62　　　　　图7-63　　　　　图7-64

7.2.5　课堂实训：绘制视频图标

在UI设计中，经常需要制作各种图标。本实训要求使用矢量绘图工具绘制一个视频图标，如图7-65所示。

操作思路　分4步制作：①新建一个"宽度"为500像素、"高度"为500像素、名为"视频图标"的文件；②使用矩形工具绘制一个蓝色渐变的圆角矩形；③使用椭圆工具绘制白色圆形；④使用三角形工具绘制三角形。

效果图

图7-65

💡 提示　使用形状工具时，如何在一个形状图层里绘制多个形状？绘制一个形状后，按住"Shift"键并使用形状工具进行绘制，即可在一个形状图层里绘制多个形状。当一个形状图层中包含多个滤镜组成的对象时，可以单独选中其中的形状进行编辑，还可以对其中的形状进行运算操作。

7.2.6　自定形状工具

使用自定形状工具 ✐，可以绘制预设的形状，也可以绘制自定的形状或外部载入的形状。

Photoshop中有很多预设的形状。单击菜单栏"窗口"＞"形状"命令，打开"形状"面板。单击面板菜单按钮 ☰，在弹出的快捷菜单中单击"旧版形状及其他"命令，即可将旧版形状导入"形状"面板中，如图7-66所示。

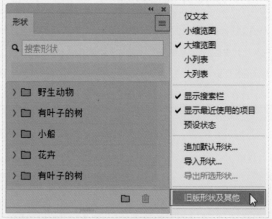

图7-66

选择自定形状工具，单击工具选项栏中"形状"选项后面的按钮，在弹出的下拉面板中选择一种形状，如图7-67所示，在画面中拖动鼠标即可绘制该形状，如图7-68所示。可以结合其他图形和文字制作节日促销标签，如图7-69所示。

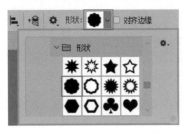
图7-67

图7-68

图7-69

定义自定形状 在"路径"面板中选择路径，可以是形状图层的矢量蒙版，也可以是工作路径或存储的路径。单击菜单栏"编辑">"定义自定形状"命令，然后在"形状名称"对话框中输入自定形状的名称。新形状显示在工具选项栏的"形状"下拉面板中。具体操作方法见 7.2.7 小节。

导入形状 如果有外挂形状，使用"导入形状"命令将其载入；单击"形状"面板菜单按钮，在弹出的快捷菜单中单击"导入形状"命令，在弹出的"载入"对话框中选择形状文件（格式为 .csh），然后单击"载入"按钮即可将形状载入"形状"下拉面板中。

如果要将不需要的形状或形状组删除，可以单击形状工具的工具选项栏中的"形状"选项后面的按钮，在弹出的下拉面板中选择要删除的形状或形状组，单击下拉面板右上角的按钮，在弹出的快捷菜单中单击"删除形状"命令，如图7-70所示。

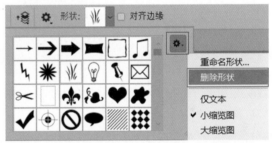
图7-70

7.2.7 课堂案例：制作镂空花纹形状

要设计一个请柬封面，客户要求为封面制作镂空花纹，使请柬显得高档、正式。本案例的重点是：将自己绘制的形状保存为自定形状，以便以后需要用到该形状时可以随时使用，不必重新绘制。具体操作如下。

01 打开素材文件"花纹"，如图7-71所示。想要将它定义为形状，先要将花纹的路径选中。使用路径选择工具在花纹上单击将它选中，如图7-72所示。

图7-71

图7-72

02 单击菜单栏"编辑">"定义自定形状"命令，打开"形状名称"对话框，输入名称"花纹"，如图7-73所示，单击"确定"按钮保存。

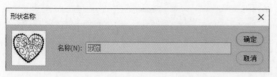

图7-73

03 打开素材文件"自定形状制作镂空花纹原图"，如图7-74所示。

图7-74

04 单击自定形状工具，在工具选项栏中将绘图模式设置为"路径"，单击"形状"后面的按钮，在打开的下拉面板中选中刚刚定义的形状，如图7-75所示。按住"Shift"键并拖动鼠标，在画面中绘制形状，如图7-76所示。

图7-75

图7-76

05 单击"路径"面板下方的"将路径作为选区载入"按钮▓，将路径转为选区，如图7-77所示。选中"图层1"，按"Delete"键将选区中的图像删除，完成镂空花纹的制作，效果如图7-78所示。

图7-77

图7-78

7.3 使用钢笔工具绘图

　　钢笔工具是Photoshop中最强大的绘图工具之一。钢笔工具结合不同的绘图模式使用时，用途也不同。钢笔工具+"路径"绘图模式，能绘制出精确的路径，将路径转换为选区后可以进行抠图，也可以为选区进行填充或描边。钢笔工具+"形状"绘图模式，可以绘制UI图标、插画等，此种绘图方法可以对绘制的图形进行重新编辑。

　　Photoshop提供了多种钢笔工具，包括钢笔工具 ⬦、自由钢笔工具 ⬦、弯度钢笔工具 ⬦、添加锚点工具 ⬦和删除锚点工具 ⬦等。

7.3.1 钢笔工具

使用钢笔工具可以绘制任意形状的高精准度图形。钢笔工具在作为选取工具使用时，绘制的轮廓光滑、准确，将路径转换为选区可以自由精确地选取对象。

绘制直线 单击工具箱中的钢笔工具 ，在其工具选项栏中将绘图模式设置为"路径"。在画布上单击以建立第一个锚点，然后间隔一段距离单击，在画布上建立第二个锚点，形成一条直线路径，如图7-79所示；在其他位置单击可以继续绘制直线路径，如图7-80所示。

图7-79

图7-80

绘制曲线 使用钢笔工具 ，在画布上单击以创建一个锚点，间隔一段距离单击，在画布上建立第二个锚点，按住鼠标左键并拖动以延长方向线；按住"Ctrl"键拖动方向线"A"或"B"端点，此时鼠标指针变成实心箭头形状，拖动端点可以调整弧度，如图7-81所示。

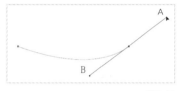
图7-81

按住"Alt"键单击"C"端点，则上方延长线消失，如图7-82所示。间隔一段距离单击画布以建立端点，可继续绘制直线或曲线，如图7-83所示。

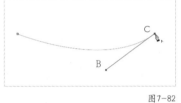
图7-82

图7-83

> 💡 **提示** 如果要结束一段开放式路径的绘制，可以按住"Ctrl"键并在空白处单击或直接按"Esc"键；如果要创建闭合路径，可以将鼠标指针放在路径的起点，当鼠标指针呈 状时，单击即可闭合路径；如果要绘制水平、垂直或在水平或垂直的基础上以45°为增量角的直线，可按住"Shift"键进行绘制。

7.3.2 添加锚点工具与删除锚点工具

在使用钢笔工具绘图时，如果绘制的路径和图像边缘不吻合，如图7-84所示，就需要结合添加锚点工具 和删除描点工具 调整路径。

❶路径明显偏移图像边缘，需要添加锚点调整路径。

❷锚点过多，造成不必要的凸起，需要删除多余锚点。

图7-84

添加锚点工具 使用该工具在红圈处路径段的中间位置单击以添加一个锚点，然后向构成曲线形状的方向拖动方向线，方向线的长度和斜度决定了曲线的形状，如图7-85和图7-86所示。

图7-85

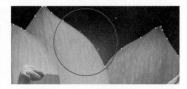
图7-86

删除锚点工具  使用尽可能少的锚点，可更容易编辑曲线，并且系统可更快速地显示。使用该工具在曲线锚点处单击（单击圆圈处）即可删除锚点，如图 7-87 所示。删除锚点后，拖动两端端点可以调整曲线弧度，调整后的效果如图 7-88 所示。

图7-87

图7-88

7.3.3 转换点工具

锚点包括平滑锚点和角点锚点两种。使用转换点工具  可以将平滑锚点和角点锚点进行转换。

选择自定形状工具 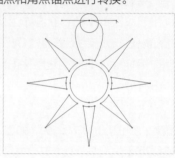，在其下拉面板中选择一种形状并进行绘制，选择转换点工具，将鼠标指针放在锚点上方，如图7-89所示。如果当前锚点为角点锚点，单击并拖动鼠标可将其转换为平滑锚点，如图7-90所示；单击平滑锚点，可将其转换为角点锚点，如图7-91所示。将该图形的各个角点锚点转换为平滑锚点，效果如图7-92所示。

图7-89

图7-90

图7-91

图7-92

方向线和方向点的用途 在曲线路径段上，每个锚点都包含一条或两条方向线，方向线的端点是方向点，如图 7-93 所示，拖动方向点可以调整方向线的长度和方向，从而改变曲线形状。

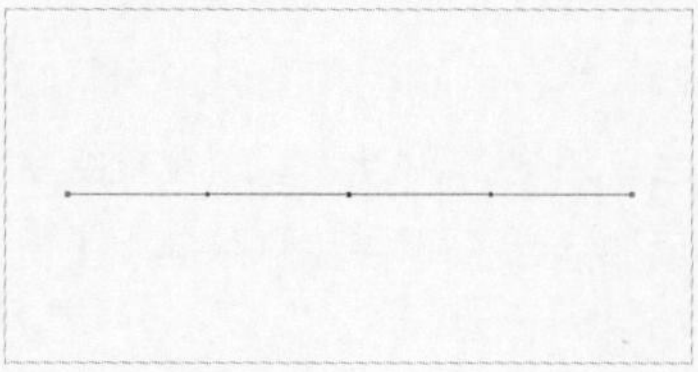

图7-93

移动平滑锚点上的方向线，会同时调整方向线两侧的曲线路径段，如图7-94所示。

移动角点锚点上的方向线，只调整与方向线同侧的曲线路径段，如图7-95所示。

移动平滑锚点上的方向线

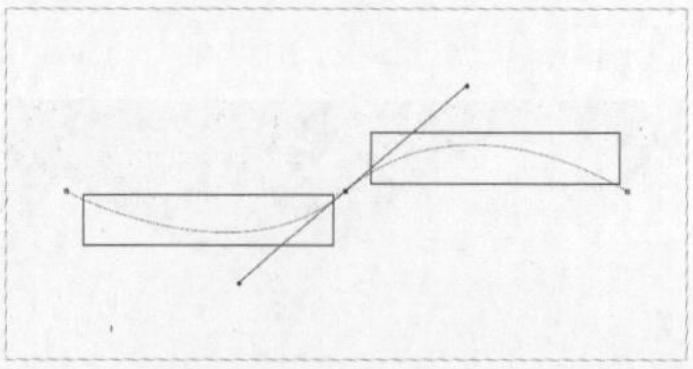

移动角点锚点上的方向线

图7-94

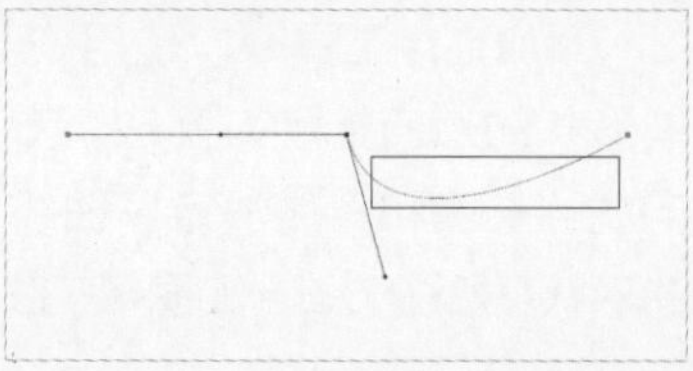

图7-95

7.3.4 直接选择工具与路径选择工具

创建路径后，可以对其进行修改。使用直接选择工具 可以选择和移动锚点，并且可以调整路径的弧度。使用路径选择工具 可以选择和移动路径。

选择锚点、路径段 要选择锚点或路径段，可以使用直接选择工具。使用该工具单击锚点，即可选中这个锚点，选中的锚点显示为实心方块，未选中的锚点显示为空心方块，如图 7-96 所示；使用该工具单击路径段，可以选中该路径段，如图 7-97 所示。

选择锚点

图7-96

选择路径段

图7-97

移动锚点、路径段 使用直接选择工具 可以移动锚点和路径段。选中锚点，将锚点拖动到新位置，即可移动锚点，如图 7-98 所示；锚点和路径也可以同时选中并进行移动操作，用以改变路径形状。选中需要移动的路径段两端的锚点，将路径段拖动到新位置，即可移动路径段，如图 7-98 所示。

移动锚点

图7-98

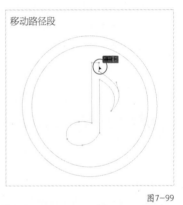

移动路径段

图7-99

调节路径弧度 使用直接选择工具，在曲线的锚点处单击，调出手柄，拖动手柄的上方向线端点或下方向线端点，即可进行弧度调节，如图 7-100 和图 7-101 所示。

调出手柄

图7-100

调节弧度

图7-101

选择路径 使用路径选择工具 单击画面中的一个路径即可将该路径选中。使用该工具单击画面中大的圆形路径，如图 7-102 所示；使用路径选择工具的同时，按住"Shift"键逐个单击，可以选中多个路径，图 7-103 所示为同时选中画面中的两个圆形路径。

选择单个路径

图7-102

选择两个路径

图7-103

移动路径 使用路径选择工具选中需要移动的路径后，将鼠标指针放到所选路径的上方并拖动即可对路径进行移动。

7.3.5 路径的运算

通过前面选区的学习，读者知道使用选择工具选取图像时，通常需要对选区进行相加、相减等运算来使其符合要求；而使用钢笔工具或形状工具时，也需要进行相应的运算，才能得到想要的轮廓。

单击钢笔工具或形状工具的工具选项栏中的"路径操作"按钮 ，可以在打开的下拉列表中选择路径运算方式，如图7-104所示。

图7-104

新建图层 单击该按钮可以创建新的路径图层。

合并形状 单击该按钮，新绘制的图形会与原有图形合并。

减去顶层形状 单击该按钮，可以在原有图形中减去新绘制的图形。

与形状区域相交 单击该按钮，画面中只保留原有图形与新建图形相交的区域。

排除重叠形状 单击该按钮，画面中将原有图形与新建图形重叠的区域排除。

合并形状组件 单击该按钮，可以合并重叠的路径组件。

7.3.6 课堂实训：用钢笔工具抠图

钢笔工具特别适合用于抠取边缘光滑且具有不规则形状的对象，使用它可以非常准确地勾画出对象的轮廓，将轮廓路径转换为选区后便可选中对象。本实训要求使用钢笔工具抠取图7-105中的棒棒糖和杯子，将其用于海报设计，如图7-106所示。

操作思路 分3步制作：①使用钢笔工具为棒棒糖和水杯的外轮廓创建路径；②使用钢笔工具并结合路径运算，绘制对象空隙中的路径；③将路径转换为选区，完成抠图操作，并将抠好的图像添加到棒棒糖海报中。

图7-105

图7-106

7.4 编辑路径

路径的大部分操作都是在"路径"面板中进行的，如新建路径、填充路径、路径和选区的相互转换等；此外，使用路径还可以进行对齐与分布、变换、自定形状和改变堆叠顺序等操作。

7.4.1 用"路径"面板编辑路径

"路径"面板用于存储和管理路径。"路径"面板中显示了当前文件中包含的路径和矢量蒙版，可以在其中进行路径编辑操作。单击菜单栏"窗口">"路径"命令，可打开"路径"面板，如图7-107所示。

图7-107

存储的路径 表示创建的路径或存储的路径，这些路径都会保存在文件中。

工作路径 直接绘制的路径，它属于一种临时路径，是在没有创建新路径的情况下绘制的，一旦重新绘制了其他的路径，原有路径将被当前路径所代替。如果在以后的操作中还需要用到该路径，可以将该路径存储起来。

形状图层路径 在画面中创建形状后，"图层"面板中会自动创建一个形状图层，只有当形状图层处于选中状态时，"路径"面板中才会显示该形状的路径。

创建新路径 使用形状工具或钢笔工具绘制路径前，先单击"路径"面板中的"创建新路径"按钮 ⊞，可以创建一个新的路径，该路径会保存到文件中。

存储路径 双击工作路径缩览图，在弹出的"存储路径"对话框中输入路径名称，然后单击"确定"按钮，可存储路径，如图7-108所示。

图7-108

将路径作为选区载入 单击该按钮，可以将路径转为选区，如图7-109所示。

从选区生成工作路径 单击该按钮，可以将选区转为路径，如图7-110所示。

图7-109

图7-110

显示与隐藏路径　单击"路径"面板中的路径，即可选中该路径，在文件窗口中会显示该路径，如图 7-111 所示；在"路径"面板中的空白处单击，可以取消选中路径，从而隐藏文件窗口中的路径，如图 7-112 所示。

图7-111

图7-112

添加矢量蒙版　使用路径抠取图像时，除了可以将路径转为选区进行抠图外，还可以创建矢量蒙版显示抠取的部分，隐藏其余部分。在图像上创建路径，如图 7-113 所示，单击菜单栏"图层">"矢量蒙版">"当前路径"命令，或按"Ctrl"键并单击"添加图层蒙版"按钮 即可以基于当前路径创建矢量蒙版，如图 7-114 所示，在画面中可以看到路径中的内容显示，而背景被隐藏，如图 7-115 所示。

图7-113

图7-114

图7-115

复制路径 在"路径"面板中将路径拖曳到"创建新路径"按钮  上即可复制该路径;也可以使用路径选择工具选中画面中的路径,通过复制、粘贴命令复制路径;还可以将路径粘贴到另一个文件中。

删除当前路径  删除当前选中的路径。

7.4.2 路径的其他编辑操作

对齐与分布 使用路径选择工具选中多个子路径,单击工具选项栏中的"路径对齐方式"按钮 ,在打开的下拉面板中选中一个对齐与分布选项,即可对所选路径或形状进行对齐与分布操作,如图7-116所示。

路径变换操作 在"路径"面板中选择路径,单击菜单栏"编辑">"变换路径"命令,可以显示路径变换框,拖曳控制点可对路径进行缩放、旋转和扭曲等操作。路径变换和图层变换的原理一样,直接缩放则可以按比例缩放,按住"Shift"键则可以实现不等比例缩放。

图7-116

调整路径的堆叠顺序 选中一个路径后,单击工具选项栏中的  按钮,打开下拉列表,选择其中一个选项,可以调整路径的堆叠顺序,如图7-117所示。

图7-117

7.5 课后习题

(1)使用钢笔工具抠图是 Photoshop 中被使用得最多的技巧之一,因此很有必要熟练掌握。素材文件中提供了多个素材,读者在课后可以使用钢笔工具进行反复练习。

(2)在海报设计中经常使用一些形状或外框来突出文字和装饰画面。请思考在图 7-118 所示的超市春季促销海报中的形状和外框是如何实现的。

效果

图7-118

第**8**章

文字的创建与编辑

本章内容导读

文字是各类设计作品中的常见元素，对设计作品的质量起着重要的作用。Photoshop有非常强大的文字创建和编辑功能，使用这些功能可以完成各类设计作品中文字的设计。

重要知识点

- 文字工具的使用方法。
- 使用"字符"面板对文字属性进行设置。
- 使用"段落"面板对段落样式进行设置。
- 路径文字与变形文字的创建方法。

学习本章后，读者能做什么

通过对本章的学习，读者可以在各种版面设计中制作所需要的文字，例如海报设计、名片设计、书籍设计等，还可以结合前面所学的矢量绘图工具，制作Logo和各种艺术字。

8.1 文字工具及其应用

文字不仅可以传递信息，还能起到美化版面、强化主题的作用，它是版面设计中的重要组成部分。下面介绍文字工具及其应用。

8.1.1 文字工具组

Photoshop工具箱中的文字工具组包含4种文字工具：横排文字工具 T、直排文字工具 IT、横排文字蒙版工具 T和直排文字蒙版工具 IT，如图8-1所示。

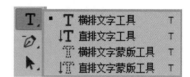

图8-1

横排文字工具和直排文字工具主要用来创建实体文字。使用横排文字工具输入的文字是横向排列的，该工具是实际工作中使用最多的文字工具；使用直排文字工具输入的文字是纵向排列的，该工具常用于完成诗词的编排。这两个文字工具是这一小节中要详细介绍的对象。

横排文字蒙版工具和直排文字蒙版工具主要用来快速创建文字形状的选区，在实际工作中用得较少，这里不做详细介绍。图8-2所示为使用不同文字工具输入文字的效果。

图8-2

由于不同字体、不同大小以及不同颜色的文字给人的感受不同，因此为了达到设计要求，在把文字输入版面之前，要对输入的文字进行属性方面的合理设置。使用文字工具的工具选项栏可以完成文字属性的设置。由于各种文字工具的工具选项栏中的选项基本相同，这里就以横排文字工具的工具选项栏为例进行介绍。横排文字工具的工具选项栏如图8-3所示。

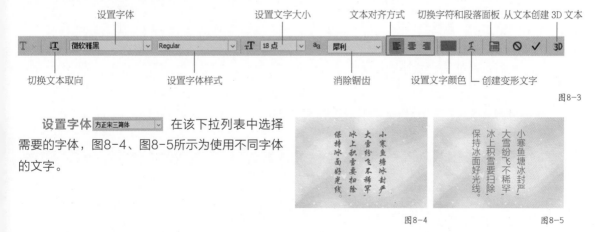

图8-3

设置字体 方正宋三简体 在该下拉列表中选择需要的字体，图8-4、图8-5所示为使用不同字体的文字。

图8-4   图8-5

设置字体样式 字体样式是单个字体的变体，如Regular（常规）、Bold（粗体）、Italic（斜体）和Bold Italic（粗体斜体）等，该选项只对部分字体有效。

设置文字大小  用于设置文字的大小，在该下拉列表中可以选择需要的字号或直接输入文字的大小值。图8-6、图8-7所示为使用不同文字大小的文字。

图8-6　　　　　　　　　图8-7

设置文字颜色 ▆ 单击颜色块可以打开"拾色器"对话框，并在其中设置文字的颜色。图8-8、图8-9所示为不同文字颜色的对比效果。

图8-8　　　　　　　　　图8-9

切换文本取向 ↨ 单击该按钮可使文本在横排文字和直排文字之间进行切换，图8-10所示为将直排文字切换为横排文字的效果。

图8-10

文本对齐方式 ▤▤▤ 文本对齐方式包括左对齐文本、居中对齐文本和右对齐文本。例如，在图8-11所示的版面设计图中，中间这段文字选择"居中对齐文本"方式进行排版更合适。

图8-11

创建变形文字 ⊥ 单击该按钮，可以打开"变形文字"对话框，在该对话框中可以设置变形文字。

切换字符和段落面板 ▦ 单击该按钮，可以打开或隐藏"字符"和"段落"面板（"字符"面板的具体使用方法见8.1.4小节，"段落"面板的具体使用方法见8.1.5小节）。

消除锯齿 在该选项中选中"无"选项，表示不进行消除锯齿处理；选择"锐利"选项，表示文字以锐利的效果显示；选择"犀利"选项，表示文字以较锐利的效果显示；选择"浑厚"选项，表示文字以厚重的效果显示；选择"平滑"选项，表示文字以平滑的效果显示。

从文本创建3D文本 3D 单击该按钮，将打开3D模型功能，可以从文本图层中创建3D文本。

8.1.2 创建点文本

点文本输入特点：文字会始终沿横向（行）或纵向（列）进行排列，如果输入的文字过多，会超出显示区域，这时需要手动按"Enter"键才能换行（列）。点文本常用于较短文本的输入，例如标题文字、海报上少量的宣传文字、艺术字等。

下面使用点文本输入网店春装海报中的主题文字，具体操作步骤如下。

01 打开素材文件，如图8-12所示。

图8-12

02 创建点文本。单击工具箱中的横排文字工具，在其工具选项栏中设置合适的字体、字号、颜色等文字属性，如图8-13所示。这些属性只是初步设置，如果感觉不合适，还可以重新设置这些属性。在画面中合适的位置单击（单击处为文字的起点），此时系统会自动填写一串英文，以便提前看到文字效果，该串英文默认是被全部选中的，如图8-14所示，直接输入"EARLY SPRING"就自动替换了默认英文，文字沿横向进行排列，如图8-15所示。

颜色设置为白色，色值为"R255 G255 B255"

图8-13

图8-14

图8-15

03 单击工具选项栏中的按钮 ✓（或按"Ctrl+Enter"组合键），即可完成文字的输入，此时"图层"面板中会生成一个文字图层，如图8-16所示。

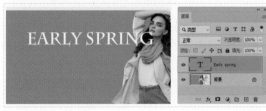

图8-16

04 换行。在该版面中，若英文排一行，位置明显不够，此时可以考虑换行，将英文排成两行。将鼠标指针移至需要换行的文字前并单击，文本中出现闪烁的光标，此处被称作"插入点"，如图8-17所示，此时按"Enter"键可以换行，如图8-18所示。

图8-17

图8-18

05 版面中的文字有点小，需要调大。当鼠标指针在插入点处时，按"Ctrl+A"组合键可选中全部文本，如图8-19所示。在工具选项栏中将"文字大小"的数值调大，效果如图8-20所示。

图8-19

图8-20

06 移动文本至合适位置。在文本处单击，然后将鼠标指针放在文本外，当鼠标指针呈 ▶₊ 状时，拖动鼠标，将文字移至合适的位置，如图8-21所示，单击工具选项栏中的 ✓ 按钮结束文字的编辑，如图8-22所示。

图8-21

图8-22

07 输入其他文本。使用同样的方法在画面左侧输入其他文本并设置合适的属性，如图8-23所示。

图8-23

💡 提示　　使用文字工具在画面中单击，系统会自动填写一串英文，如果不想使用该功能，可以单击菜单栏"编辑">"首选项">"文字"命令，在打开的"首选项"对话框中，取消选中"使用占位符文本填充新文字图层"选项，如图8-24所示。

文字选项
☑ 使用智能引号(Q)
☑ 启用丢失字形保护(G)
☐ 以英文显示字体名称(F)
☑ 使用 ESC 键来提交文本
☑ 启用文字图层替代字形
☐ 使用占位符文本填充新文字图层

图8-24

8.1.3 创建段落文本

段落文本输入特点：可自动换行（列），可调整文字区域的大小。它常用在文字较多的场合，例如报纸、杂志、企业宣传册中的正文或产品说明等。

段落文本输入方法：选择横排文字工具或直排文字工具后，在画布中拖动出一个文本框，框内呈现闪烁的插入点，输入文字后单击工具选项栏中的按钮✓（或按"Ctrl+Enter"组合键），即可完成文字的输入。

设计海报时，有时在画面中插入一段描述性的文字可以更好地配合画面，突出主题。例如，在上一例图的版面设计中，在画面的右侧添加了一段赞美春天的文字，既能烘托画面的主题，又能充实画面，使排版风格更加具有文艺气息，如图8-25所示。其具体操作步骤如下。

图8-25

01 打开素材文件，单击工具箱中的直排文字工具，在工具选项栏中设置合适的字体、字号、颜色等，如图8-26所示。在画面中拖动出一个文本框，输入内容，如图8-27、图8-28所示。

微软雅黑字体具有笔画粗细一致、辨识度高的特点，常用于海报中字号较小的内文和说明文字等。因此文本框里的中文选用小号的微软雅黑字体（小、粗）与左面大号的小标宋主题文字（大、细）进行搭配，使排版既有层次又不显呆板。

字体颜色选用海报的背景色，色值为"R251 G123 B37"，它可使版面显得更加协调，同时该文字的颜色与浅色底又形成一定的明度对比，便于阅读。

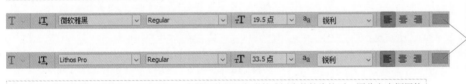

Lithos Pro 字体的特点是带有一定的弧度，其笔画的粗细与微软雅黑字体较为接近。因此文本框里的英文选用大号的 Lithos Pro 字体，该字体与中文的微软雅黑字体搭配可使文字组合灵活、统一。

图8-26

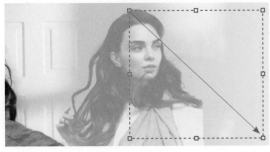

图8-27

图8-28

02 调整文本框的大小。如果要调整文本框的大小，可以将鼠标指针移动到文本框控制点处，然后按住鼠标左键进行拖动。随着文本框大小的改变，文字也会重新排列，如图8-29所示。

图8-29

03 单击工具选项栏中的☑按钮（或按"Ctrl+Enter"组合键），完成文字的输入，如图8-30所示。

图8-30

还可以通过文本框进行文字缩放和文字旋转等操作。

缩放文字　按住"Ctrl"键的同时拖动文本框控制点，可以等比例缩放文字，如图8-31所示。

旋转文字　将鼠标指针移至文本框外，当鼠标指针变为弯曲的双箭头时拖动鼠标可以旋转文字，如图8-32所示。如果拖动鼠标的同时按住"Shift"键，则以15°为增量角进行旋转。

文字缩放前　　　文字缩放后

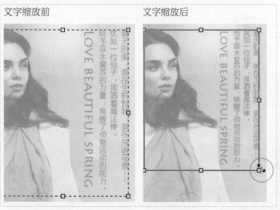

图8-31

旋转文字

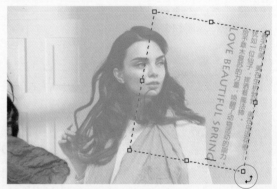

图8-32

8.1.4 使用"字符"面板

　　"字符"面板和文字工具的工具选项栏一样，也用于设置文字的属性。"字符"面板提供了比工具选项栏更多的选项，在文字工具的工具选项栏中单击"切换字符和段落面板"按钮，可以打开"字符"面板，如图8-33所示。该面板中字体、文字大小和颜色的设置选项都与工具选项栏中相应的选项相同，下面介绍面板中其他选项的应用。

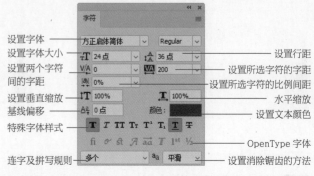

图8-33

设置字体——
设置字体大小——
设置两个字符间的字距——
设置垂直缩放——
基线偏移——
特殊字体样式——
连字及拼写规则——

——设置行距
——设置所选字符的字距
——设置所选字符的比例间距
水平缩放
设置文本颜色
——OpenType 字体
——设置消除锯齿的方法

水平缩放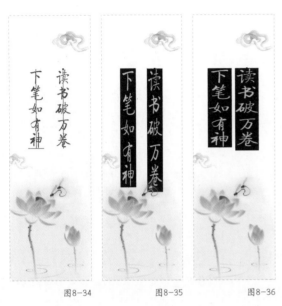**/垂直缩放** 水平缩放用于调整单个字符的宽度，垂直缩放用于调整单个字符的高度。当这两个百分比相同时，可进行等比例缩放；不同时，可进行不等比例缩放。使用直排文字工具在需要输入文字的位置单击，输入文字，"水平缩放"与"垂直缩放"均为100%，如图8-34所示；当"垂直缩放"为150%、"水平缩放"为100%时，效果如图8-35所示；当"垂直缩放"为100%，"水平缩放"为150%时，效果如图8-36所示。

设置行距 用于调整文本行之间的距离，数值越大，间距越大。图8-37所示为分别设置不同的行距的效果。

图8-34　　　　图8-35　　　　图8-36

图8-37

设置两个字符间的字距 用来调整两字符之间的间距，在操作时首先要在两个字符之间单击，设置插入点，如图8-38所示，然后调整数值。图8-39所示为增大该值后的文本，图8-40所示为减小该值后的文本。

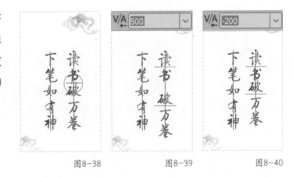

图8-38　　　　图8-39　　　　图8-40

设置所选字符的字距 选中部分字符时，在该选项中设置数值，可调整所选字符的间距，如图8-41所示；没有选择字符时，在该选项中设置数值，可调整所有字符的间距，如图8-42所示。

调整选中字符的间距

调整所有字符的间距

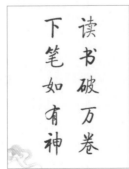

图8-41　　　　　　　　图8-42

设置所选字符的比例间距 ![icon] 通过该选项也可以设置选定字符的间距，但以比例为依据。选中字符后，在下拉列表中选择一个百分比，或直接在文本框中输入一个整数，即可修改选定字符的比例间距，设置的百分比越大，字符间的距离就越小。

设置基线偏移 ![icon] 该选项用于控制字符与基线的距离，使用它可以升高或降低所选字符。

特殊字体样式 ![icons] 该选项组提供了多个设置特殊字体的按钮，从左到右依次是仿粗体、仿斜体、全部大写字母、小型大写字母、上标、下标、下划线和删除线8种。选中字符以后，单击这些按钮即可应用相应的特殊字体样式，如图8-43所示。同一个字符可以同时应用多个特殊字体样式，如图8-44所示。

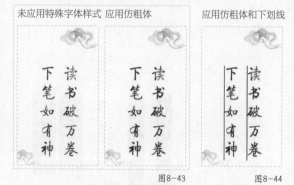

图8-43　　图8-44

> **提示** 根据汉字的使用习惯，使用直排文字工具时，文字会以从右向左的方向进行输入。

> **职场经验** **点文本与段落文本的相互转换**
>
> 如果要将点文本转换为段落文本，单击菜单栏"文字" > "转为段落文本"命令；如果要将段落文本转换为点文本，单击菜单栏"文字" > "转换为点文本"命令。

8.1.5 使用"段落"面板

"段落"面板中的选项可以用来设置段落的属性，如文本对齐方式、缩进方式、避头尾法则等。在文字工具的工具选项栏中单击"切换字符和段落面板"按钮 ![icon]，可打开"段落"面板，如图8-45所示。

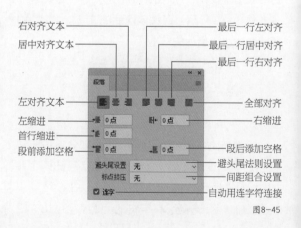

图8-45

在画面中创建段落文本后，就需要对段落文本进行编辑，使文字排列整齐划一，从而符合排版要求。例如解决以何种方式对齐段落文本、如何设置首行缩进、如何控制段前段后距离等问题。下面通过介绍图8-46所示的旅游宣传画册内页中一段文字（画面左侧段落文字）的编辑处理方法，详细介绍如何使用"段落"面板来编辑段落文本。

图8-46

在画面中创建段落文本，如图8-47所示，下面对该段落进行段落对齐、段落缩进、设置段前段后距离等操作。

图8-47

设置段落的对齐方式

"段落"面板最上面的一排按钮用来设置段落的对齐方式，使用它们可以将文字与段落的某个边缘对齐。前3个分别为"左对齐文本""居中对齐文本""右对齐文本"按钮，这3种对齐方式在文字工具的工具选项栏中已经介绍过，这里不再赘述。

最后一行左对齐 最后一行左对齐，其他行左右两端强制对齐，如图8-48所示。本例应用"最后一行左对齐"。

最后一行居中对齐 最后一行居中对齐，其他行左右两端强制对齐，如图8-49所示。

最后一行右对齐 最后一行右对齐，其他行左右两端强制对齐，如图8-50所示。

全部对齐 段落所有行左右两端强制对齐，常用于价目表、目录、节目单等段落文字的排列，如图8-51所示。

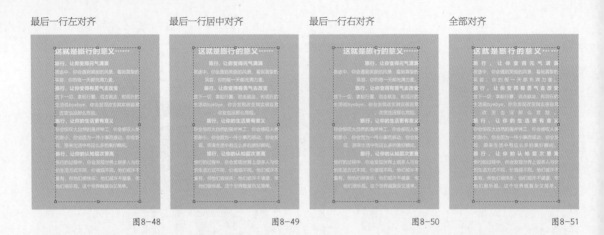

最后一行左对齐　　　最后一行居中对齐　　　最后一行右对齐　　　全部对齐

图8-48　　　　　　　　图8-49　　　　　　　　图8-50　　　　　　　　图8-51

💡 提示　　**直排文字的对齐方式**

当文字直排（即纵向排列）时，对齐按钮的图标会发生一些变化，如图8-52所示，但功能与横排文字的对齐方式类似。

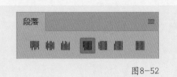

图8-52

设置段落的缩进方式

缩进是指文本行两端与文本框之间的距离，如图书正文常用到的首行缩进。图8-53所示为将文字进行"最后一行左对齐"后，使用不同的缩进方式缩进文本的效果。

左缩进 ▐ 横排文字从段落左边缩进，直排文字从段落顶端缩进。

右缩进 ▐ 横排文字从段落右边缩进，直排文字从段落底端缩进。

首行缩进 ▐ 用于设置段落文本每个段落的第一行向右（横排文字）或第一列文字向下（直排文字）的缩进量。本例未使用该缩进方式。

左缩进20点　　　　　右缩进20点　　　　　首行缩进20点

图8-53

📋 职场经验　　**首行缩进的参数设置技巧**

将选中文字的大小数乘以2：如果文字的大小为9，那么首行缩进量一般应设置为18；即两个文字的空间。

设置段落间距

"段前添加空格"按钮 和"段后添加空格"按钮 ，用于控制所选段落的间距。其中"段前添加空格"按钮用于设置插入点所在段落与前一个段落之间的距离，"段后添加空格"按钮用于设置插入点所在段落与后一个段落之间的距离。例如，将插入点放到"旅行，让你变得有勇气去改变"中，如图8-54所示，然后分别将段前和段后距离设置为5点，效果如图8-55、图8-56所示。

插入点所在段落 段前距离为5点 段后距离为5点

图8-54 图8-55 图8-56

避头尾法则设置

在汉字书写过程中，标点符号通常不位于每行文字的起始处或结尾处，如图8-57所示。在"避头尾法则设置"下拉列表中，选择"JIS严格"或"JIS宽松"选项，可以防止在一行的开头或结尾出现不符合汉字排版规则的情况，如图8-58、图8-59所示。

图8-57 图8-58 图8-59

> 💡 **提示** 使用段落文本创建文本时，当文本超出文本框时，文本框右下角的控制点呈 状，如图8-60所示，这种情况称为文本溢出，此时需要重新调整文本框的大小，以显示所有文本，如图8-61所示。

图8-60 图8-61

8.1.6 创建路径文字

点文本和段落文本的排列都是比较规则的，但有时候需要一些不规则排列的文字以达到不同的效果，如文字围绕某个图像周围排列。这时就要用到路径文字。

使用钢笔工具或形状工具绘制路径，在路径上输入文字后，文字会沿路径排列，改变路径形状后，文字的排列方式也会随之改变。路径文字可以是闭合式的，也可以是开放式的。下面通过促销类广告中路径文字的使用，介绍如何创建路径文字，具体操作如下。

01 打开素材文件，如图8-62所示。

图8-62

02 为了制作路径文字，需要先绘制路径，如图8-63所示。

图8-63

03 选择横排文字工具，将鼠标指针移动到路径上并单击，此时路径上出现了文字的插入点，如图8-64所示。

06 完成路径文字的输入后，在画面空白处单击即可隐藏路径。将该文字应用到促销广告文字组合中，效果如图8-67所示。

图8-64

04 输入文字后，文字会沿路径进行排列，如图8-65所示。

图8-65

05 改变路径形状时，文字的排列方式也会随之发生变化，如图8-66所示。

图8-66

图8-67

🔗 **相关链接** 组合中的文字添加了暗色的描边样式效果（描边样式的具体应用见第4章）。

8.1.7 创建变形文字

在制作艺术字时，经常需要对文字进行变形操作，这时就需要使用变形文字。下面通过制作一个简单的母亲节贺卡，介绍如何使用变形文字，具体操作如下。

字体颜色选用玫红色，色值为"R242 G71 B137"，使用该颜色既能体现节日的温馨氛围，又能与画面的颜色搭配协调。

图8-68

01 打开素材文件，选择横排文字工具，在工具选项栏中设置字体、字号、文字颜色等，如图8-68所示，然后在画布中创建一个点文本，如图8-69所示。

图8-69

02 单击工具选项栏中的"创建文字变形"按钮，打开"变形文字"对话框，"样式"下拉列表中包含多种文字变形样式，选择不同变形样式产生的文字效果不同，并且可以通过在该对话框中设置"弯曲""水平扭曲""垂直扭曲"等参数来设置文字的变形程度。例图文字变形样式选择"扇形"，设置"弯曲"为+40%，如图8-70所示，效果如图8-71所示。

图8-70　　　　　　　　　　　　　　图8-71

8.1.8 课堂案例：制作扫地机网店首页海报

本案例制作扫地机网店首页海报，具体操作步骤如下。

操作思路 具体操作分为3步：①新建一个文件，将商品图添加到文件中；②输入文本，注意文本字体、颜色和大小的搭配和组合；③添加素材，调整其位置和大小。

01 新建"宽度"为1920像素、"高度"为680像素、"分辨率"为72像素/英寸、名为"扫地机店铺首页海报"的文件。

02 添加商品图。将素材文件夹中的"扫地机"文件添加到刚刚创建的文件中，调整大小，如图8-72所示。

图8-72

03 输入主题文字。选择横排文字工具，输入"创新'黑科技'扫地机"，设置字体为"方正尚酷简体"、字号为"74点"、颜色为深灰色（色值为"R85 G85 B85"）；将"黑科技"及双引号的字号调大，字号为"83.5点"，效果如图8-73所示。

图8-73

04 输入卖点文字内容。选择矩形工具，设置填充颜色为红色，色值为"R235 G20 B64"、圆角半径值为"24像素"，将素材文件夹中的"timg"图标添加到该形状的上方。选择横排文字工具，输入"Wi-Fi智能"，设置字体为"方正兰亭中黑简体"、字号"28"、颜色为白色；输入"Wireless charging technology"，设置字体为"Arial"、字号为"28"、颜色为灰色（色值为"R89 G89 B89"）。选择直线工具，设置描边宽度为1像素，颜色为红色，在英文的两侧绘制直线。效果如图8-74所示。

图8-74

05 选择圆角矩形工具，设置描边颜色为红色（色值为"R235 G20 B64"）；选择横排文字工具，输入"无线充电"，设置字体为"方正兰亭中黑简体"、字号为"24"、颜色为红色（色值为"R235 G20 B64"），效果如图8-75所示。

图8-75

06 将素材文件夹中的"手"添加到文件中，选择矩形工具，设置填充颜色为绿色（色值为"R166 G193 B88"），绘制一个矩形，遮住手机屏幕的颜色,如图8-76所示。复制"timg"图标，移动到手机屏幕的上方，选择横排文字工具，设置字体为"方正尚酷简体"、字号为"16"、颜色为白色，依次输入"远程开机""模式切换""定时预约"，效果如图8-77所示。

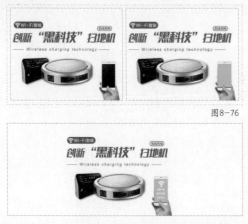

图8-76

图8-77

07 将素材文件夹中的"绿植背景"和"花瓣"添加到文件中。单击"图层"面板下方的"添加图层蒙版"按钮，为花瓣图层添加白色蒙版，选中蒙版，选择画笔工具，设置前景色为黑色，将画面中不需要的花瓣隐藏，效果如图8-78所示。

图8-78

08 将素材文件夹中的"光束"添加到文件中，将该图层的混合模式设置为"线性减淡（添加）"，将图层的"填充"设置为"60%"，然后为该图层添加蒙版，使用渐变工具编辑蒙版，隐藏该图层下方内容，使光束效果过渡更自然。扫地机店铺首页海报制作完成后的效果如图8-79所示。

图8-79

8.1.9 课堂实训：制作饮品店价目单

价目单用于展示商品及价格，便于顾客快速点餐、消费。本实训要求为饮品单制作价目单，效果如图8-80所示。

操作思路 本实训提供带底图装饰的素材，只需输入文本即可，具体操作分为3步：①使用点文本输入价目类别；②使用段落文本输入具体饮品与甜品的名称和价格，输入文本时要注意文本的行间距和对齐方式（价目单一般选用"全部对齐"方式）的设置；③输入文本，注意文本字体、颜色和大小的搭配和组合。

图8-80

8.2 文字的特殊编辑

在Photoshop中，除了可以使用"字符"面板和"段落"面板编辑文字外，还可以使用命令来编辑文字，如将文字转为路径、栅格化文字等操作。

8.2.1 基于文字创建工作路径

基于文字创建工作路径时，可以通过调整锚点设计变形字体。下面介绍怎样利用此操作制作一款简单的美食Logo。

01 创建文件，选择横排文字工具，设置字体为"汉仪秀英体简"，输入文字，如图8-81所示。

图8-81

02 单击菜单栏"文字">"创建工作路径"命令，可以基于文字生成路径，原文字图层保持不变，如图8-82所示（为了观察路径，隐藏了文字图层）。

图8-82

03 使用转换点工具与删除锚点工具调整路径形状，效果如图8-83所示。

图8-83

04 设置前景色为白色，选择钢笔工具，在其工具选项栏中将绘图模式设置为"路径"，单击"形状"按钮，此时路径会自动用前景色填充并生成一个形状图层"形状 1"，将背景图层隐藏，如图8-84和图8-85所示。

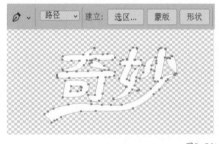

图8-84

图8-85

05 打开素材文件中的Logo底图，如图8-86所示。使用移动工具将"形状 1"图层拖曳到Logo底图中，按"Ctrl+T"组合键调整大小，完成Logo的设计，如图8-87所示。将Logo应用到食品包装的设计中，效果如图8-88所示。

图8-86

图8-87

图8-88

8.2.2 栅格化文字

部分滤镜效果和绘画工具不可用于文字图层，如果要应用，必须在使用命令或工具之前将文字栅格化，使文字变为图像。注意，文字栅格化后不能再作为文本进行编辑。选中文字图层并单击菜单栏"图层">"栅格化">"文字"命令，或者直接在文字图层上单击鼠标右键，在弹出的快捷菜单中单击"栅格化文字"命令，即可将文字栅格化。

8.3 课后习题

本习题为制作网店美容护肤产品海报。由于网店海报一般要求简洁大气，因此在设计时不用过多装饰，可使用较正规的文字和简单的图形，效果如图8-89所示。

操作思路 具体操作分6步：①新建"宽度"为1920像素、"高度"为900像素、"分辨率"为72像素/英寸、名为"护肤海报"的文件，将背景填充为天蓝色；②将商品图添加到文件中；③使用横排文字工具输入"满300减500 遇见美好肌肤"，为该文字添加"描边"样式；④使用钢笔工具绘制形状，创建路径，输入"滋润保养 美丽护肤"；⑤使用矩形工具绘制圆角矩形，使用横排文字工具在圆角矩形上输入"点击查看"，使用椭圆工具绘制圆点；⑥将树叶、花瓣等素材添加到文件中，丰富画面效果。

效果图

图8-89

第 **9** 章

蒙版与通道的应用

本章内容导读

本章主要讲解蒙版与通道的原理，以及它们在实际工作中的具体应用。

重要知识点

- 蒙版的概念和用途。
- 图层蒙版、剪贴蒙版、矢量蒙版与快速蒙版的创建及应用方法。
- 通道的概念和用途。
- 利用通道调色和抠图的方法。

学习本章后，读者能做什么

通过对本章的学习，读者可以借助图层蒙版对图像进行合成，轻松地隐藏或显示图像的部分区域；可以通过剪贴蒙版将图像限定在某个形状中；可以通过快速蒙版快速创建选区。读者还可以利用通道与选区的关系抠出人像、有毛发的动物、薄纱或水等较为复杂的对象，以及利用通道进行调色。

9.1 关于蒙版

蒙版用于图像的修饰与合成。例如在创意合成的过程中，经常需要将图像的某些部分隐藏，以显示特定的内容。如果直接删掉或擦除图像的某些部分，被删除的部分将无法复原。而借助蒙版功能，就能够在不破坏图像的情况下，轻松地实现隐藏或复原图像的某些部分。Photoshop中的蒙版分为4种：图层蒙版、剪贴蒙版、矢量蒙版和快速蒙版。

9.2 图层蒙版

图层蒙版通过遮挡图层内容，使其隐藏或透明，从而控制图层中显示的内容，它不会删除图像。图层蒙版应用于某一个图层上，为某一个图层添加图层蒙版后，可以在图层蒙版上绘制黑色、白色或灰色

区域，通过这些区域来控制图层内容的显示或隐藏。在图层蒙版中，黑色区域在图层中对应的内容被完全隐藏；灰色区域在图层中对应的内容呈半透明状态；白色区域在图层中对应的内容完全显示，如图9-1所示。

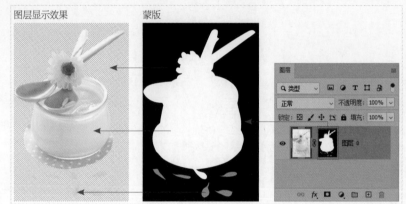

图9-1

9.2.1 创建图层蒙版

创建图层蒙版有两种方式：①在图像中没有选区的情况下，可以创建空白蒙版（直接创建图层蒙版）；②在图像中包含选区的情况下创建图层蒙版，选区内的图像显示，选区外的图像隐藏（基于选区创建图层蒙版）。

1.直接创建图层蒙版

01 打开杂志封面文件，从画面中可以看到刊名"FANTASY"遮挡住了人物头发，如图9-2所示。下面我们为"刊名"图层创建图层蒙版，将挡住头发的文字隐藏起来。

02 选中"刊名"图层，单击"图层"面板中的"添加图层蒙版"按钮，如图9-3所示，该图层缩览图的右边会出现一个图层蒙版缩览图标，如图9-4所示。

图9-2

图9-3

图9-4

💡 **提示** 在"图层"面板中选中要创建蒙版的图层，直接单击"添加图层蒙版"按钮，可为图层添加白色图层蒙版；按住"Alt"键并单击"添加图层蒙版"按钮，可为图层添加黑色图层蒙版。

在默认状态下，添加图层蒙版时软件会自动为蒙版填充白色，因此，蒙版不会对图层内容产生任何影响。如果想要隐藏某些内容，可以将蒙版中相应的区域涂抹为黑色；想让其重新显示，将相应区域涂抹为白色即可；想让图层内容呈现半透明效果，可以将相应区域涂抹为灰色。以上就是使用图层蒙版的编辑思路。

画笔工具和渐变工具是非常适合在图层蒙版上使用的两个编辑工具。画笔工具灵活度高，使用它可以控制任意区域的透明度；使用渐变工具可以快速创建平滑、渐隐的过渡效果。

03 创建图层蒙版后，使用画笔工具对蒙版进行编辑。选择一个柔边画笔，将前景色设为黑色，选择图层蒙版缩览图，使用画笔工具在画面的人物头发处的"NTA"上进行涂抹，将人物头发显示出来，效果如图9-5所示。

图9-5

进入蒙版编辑状态 对蒙版进行编辑时，如果需要在文件窗口中直接对蒙版里面的内容进行编辑，按住"Alt"键的同时单击该蒙版的缩览图，即可选中蒙版并在图像窗口中显示该蒙版的内容。使用该方法也可以查看蒙版的涂抹情况。

退出蒙版编辑状态 再次按住"Alt"键的同时单击该图层蒙版缩览图，可退出蒙版编辑状态，在文件窗口中可以预览修改蒙版后的图像。

> 💡 提示　为图层添加蒙版后，图层中既有图像，又有蒙版。如果要对图像进行编辑，就要选中图像缩览图；如果要对蒙版进行编辑，就要选中蒙版缩览图。如何知道Photoshop处理的是哪种对象呢？可以观察缩览图，哪一个缩览图四角上有边框，就表示哪一个被选中。

2. 基于选区创建图层蒙版

在Photoshop中，可以基于选区创建图层蒙版。例如，在对图像进行抠图操作时，为画面中需要提取的图像创建选区，如果不想将原图背景删掉，可以使用"蒙版"将背景隐藏，完成抠图操作。

01 使用钢笔工具为画面中需要提取的图像创建路径并将路径转换为选区，如图9-6所示。

02 选择该图层，单击"图层"面板中的"添加图层蒙版"按钮，可以看到选区内的图像显示，选区外的图像隐藏，如图9-7所示。

从蒙版中载入选区 按住"Ctrl"键的同时单击图层蒙版缩览图，如图 9-8 所示，即可从蒙版中载入选区，如图 9-9 所示。

图9-6　　　　　　图9-7　　　　　　　　　　图9-8　　　　　　图9-9

9.2.2 编辑图层蒙版

在图层上添加蒙版后，还可以进行停用图层蒙版、启用图层蒙版、删除图层蒙版和复制图层蒙版等操作。这些操作对矢量蒙版同样适用。

1. 停用图层蒙版

停用图层蒙版可使加在图层上的蒙版不起作用。使用该功能可方便地查看蒙版使用前后的对比效果。右击图层蒙版缩览图，在弹出的快捷菜单中单击"停用图层蒙版"命令，即可停用图层蒙版，使原图层内容全部显示出来，如图9-10、图9-11所示。

图9-10　　　　　　　　　　　　　　　　　图9-11

2. 启用图层蒙版

在图层蒙版停用的状态下，单击图层蒙版缩览图可以恢复显示图层蒙版效果。右击图层蒙版缩览图，在弹出的快捷菜单中单击"启用图层蒙版"命令，也可以恢复显示图层蒙版效果。

3. 删除图层蒙版

如果要删除图层蒙版，可右击图层蒙版缩览图，在弹出的快捷菜单中单击"删除图层蒙版"命令。

4. 复制图层蒙版

如果要将一个图层的蒙版复制到另外一个图层上，可以在按住"Alt"键的同时，将图层蒙版拖动到目标图层上。

9.2.3 课堂案例：调整手提包的颜色

在Photoshop中处理图像时，经常需要将一个图层上的蒙版复制到另一个图层上。下面通过使用调整图层调整图像颜色，讲解复制图层蒙版的方法。

01 打开网店女包首屏海报，如图9-12所示，从画面中可以看到手提包偏灰暗，下面使用调整图层对其进行校色调整。

图9-12

02 选中手提包所在的图层并为其创建选区（载入当前图层选区），如图9-13所示。单击"调整"面板中的"创建新的亮度/对比度调整图层"按钮，创建"亮度/对比度"调整图层（调整图层自带图层蒙版），此时该调整图层选区之外的区域被蒙版遮盖，调整效果只对手提包产生影响，如图9-14所示。

图9-13　　　　　　　　　　　　　　　　图9-14

03 在"亮度/对比度"调整图层的"属性"面板中，设置"亮度"为20以提亮手提包，设置"对比度"为10以增加手提包的明暗对比，如图9-15所示。效果如图9-16所示，此时手提包的亮度合适，但手提包的颜色偏黄，不够粉嫩。下面使用"色彩平衡"调整图层进行调整，让"手提包"呈现粉色。

图9-15　　　　　　　　　　　图9-16

04 单击"调整"面板中的"创建新的色彩平衡调整图层"按钮，创建"色彩平衡"调整图层，如图9-17所示，此时该调整图层对它下方的所有图层都起作用。为了使色彩平衡的调整效果只对手提包产生影响，需将"亮度/对比度"调整图层的图层蒙版复制到"色彩平衡"调整图层上，方法是按住"Alt"键的同时将"亮度/对比度"调整图层的图层蒙版拖动到"色彩平衡"调整图层上，然后单击"是"按钮，如图9-18所示。

图9-17　　　　　　　　　　　　　　　　图9-18

05 在"色彩平衡"调整图层的属性面板中，在"色调"下拉列表中选择"中间调"选项。向右拖动黄色与蓝色滑块以增加蓝色，色值为+15，向右拖动青色与红色滑块以增加红色，色值为+20，使手提包呈粉色，如图9-19所示。调整效果如图9-20所示。

图9-19　　　　　　　　　　　　　　　　　　　　　　图9-20

9.3 剪贴蒙版

剪贴蒙版用于通过一个对象的形状来控制其他图层的显示区域，该形状之内的区域显示，而该形状之外的区域隐藏。

剪贴蒙版由两个及两个以上的图层组成，最下面一层叫作基底图层（它的图层名称带有下划线），也叫作遮罩，其他图层叫作剪贴图层（图层缩览图前带有 ↲ 图标），如图9-21所示。修改基底图层的形状会影响整个剪贴蒙版的显示区域；修改某个剪贴图层，只会影响本图层而不会影响整个剪贴蒙版。

图9-21

9.3.1 创建剪贴蒙版

剪贴蒙版主要用于合成图像。下面以节能公益海报的制作为例，介绍剪贴蒙版的创建方法。

01 打开素材文件中的节能公益海报，如图9-22所示，可以看到文字"珍惜能源 节约用电"在画面中不够突出，此时可以将一个几何图案素材以剪贴蒙版的形式置入文字中，制作出有号召力与艺术感染力的海报。

02 打开一个"几何图案"素材，如图9-23所示，使用移动工具将"几何图案"拖入节能公益海报并将该图层的名称改为"几何图案"，如图9-24所示。

图9-22

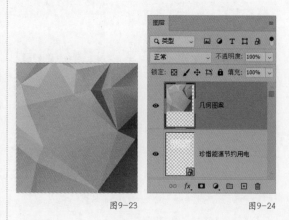

图9-23　　　　　图9-24

03 选中"几何图案"图层，单击菜单栏"图层"＞"创建剪贴蒙版"命令或者按"Ctrl+Alt+G"组合键，将该图层与它下面的"珍惜能源 节约用电"文字图层创建成一个剪贴蒙版组，如图9-25所示。创建剪贴蒙版后的画面效果如图9-26所示。

图9-25　　　　　图9-26

按住"Alt"键，待要创建剪贴蒙版的两图层中间出现 ⌊◻ 图标后单击它，即可快速创建剪贴蒙版，如图9-27所示。

图9-27

9.3.2 编辑剪贴蒙版组

在剪贴蒙版中，基底图层只能有一个，而在其上的剪贴图层则可以有多个。下面介绍如何将多个图层创建到一个剪贴蒙版组中。打开本书配套素材文件，如图9-28所示，如果要将"人物1"和"人物2"图层同时置入它下方的"矩形"图层中，可先选中这两个图层，然后在图层名称的后方单击鼠标右键，在弹出的快捷菜单中单击"创建剪贴蒙版"命令，如图9-29所示。

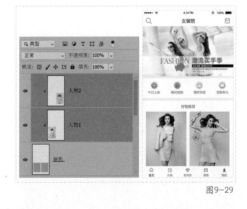

图9-28　　　　　　　　　　　图9-29

将图层移入或移出剪贴蒙版组　将图层拖动到基底图层的上方，可将其加入剪贴蒙版组，如图9-30所示；将图层拖出剪贴蒙版组则可将其移出，如图9-31所示。

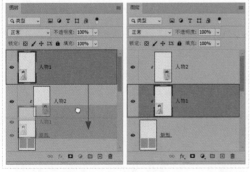

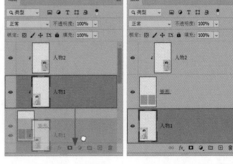

图9-30　　　　　　　　　　　图9-31

解散剪贴蒙版组　选中基底图层上方的剪贴图层，单击菜单栏"图层">"释放剪贴蒙版"命令，可以解散剪贴蒙版组，释放所有图层。

9.4 图框工具

使用图框工具 ⊠ 能够在设计过程中对图片进行编辑，并可以随时替换图片，该工具特别适合用于图文混排、画册排版等。图框工具的优点为：使用方法简单，处理快速，修改更新可逆，能够有效地提高工作效率。

1. 创建图框

01 打开相册内页模板，单击工具箱中的图框工具，在图9-32所示的工具选项栏中，单击椭圆图框工具

⊠，按住"Shift"键，在画面中合适的位置创建圆形图框，如图9-33所示。此时"图层"面板会添加一个"图框1"图层，如图9-34所示。

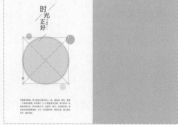

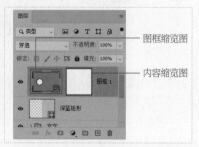

图9-32　　　　图9-33　　　　图9-34

02 单击菜单栏"文件"＞"置入嵌入对象"命令，将素材文件夹中的"风景"置入图框中，也可以直接拖曳"风景"到图框中，如图9-35所示。在"风景 图框"图层中选择内容缩览图，按"Ctrl+T"组合键，将置入的图片调整到合适的大小和位置，图片不会脱离所创建的图框如图9-36所示，而如果选中的是图框缩览图，则可以对图框进行变换操作。

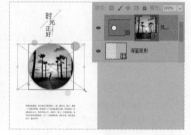

图9-35　　　　图9-36

2. 替换图框内容

01 在图框工具的工具选项栏中，单击矩形图框工具 ⊠，在画面右侧绘制矩形图框，将素材文件夹中的"人像1"置入图框中，效果如图9-37所示。

图9-37

02 使用图框工具最大的优势是可以随时替换图片。在"图层"面板中选中矩形图框缩览图，如图9-38所示，打开素材文件夹，将"人像2"拖曳到画面中的矩形图框中即可替换图片，如图9-39所示。

图9-38　　　　图9-39

9.5 快速蒙版

　　快速蒙版是一种特殊的临时蒙版，它的作用就是创建选区。在使用快速蒙版工具时，需要结合画笔工具进行操作。快速蒙版通常在摄影后期处理中，需对照片进行局部处理时使用。例如，在对人像图片进行调色时，为了达到最佳的处理效果，需要对局部进行处理，使用快速蒙版可以把这些需要处理的局部区域快速创建成选区，以便进行单独调整。下面通过对一张人像图片中人物的面部进行明暗调整，介绍快速蒙版的使用方法。

01 打开人像图片，由于逆光拍摄，人物面部显得较暗，需要将面部适当调亮。单击工具箱底部的"以快速蒙版模式编辑"按钮 或者按"Q"键，该按钮将变为"以标准模式编辑"按钮，表明目前处于快速蒙版编辑状态，如图9-40所示。

图9-40

02 设置前景色为黑色。单击工具箱中的画笔工具，选择一种柔边画笔，在工具选项栏中将"不透明度"和"流量"设置为100%，在人物面部涂抹，此时画面显示半透明的红色覆盖效果（这是默认的蒙版颜色），涂抹时按"["或"]"键可控制笔尖大小。涂抹完成的效果，如图9-41所示。

图9-41

💡 **提示**　在快速蒙版编辑模式下只能使用黑色、白色、灰色进行绘制，使用黑色画笔绘制的部分在画面中呈现出被半透明的红色覆盖的效果，使用白色画笔可以擦掉快速蒙版。

03 单击"以标准模式编辑"按钮，切换回正常模式，此时画笔工具所涂抹区域转换为选区，如图9-42所示。

图9-42

💡 **提示**　快速蒙版转换为选区时，有时会在蒙版涂抹区域之外创建选区。这是由于在"快速蒙版选项"对话框中选中了"被蒙版区域"选项。在工具箱中双击"以快速蒙版模式编辑"按钮，可以打开"快速蒙版选项"对话框，如图9-43所示。在该对话框中选中"所选区域"，即可在蒙版涂抹区域之内创建选区。

图9-43

04 单击菜单栏"图像" > "调整" > "曲线"命令，打开"曲线"对话框，由于面部整体偏暗，在曲线的中间位置添加一个控制点，向左上方拖动该控制点以提亮画面的中间调，调整前"输入"为128，调整后"输出"为147，如图9-44所示，最终效果如图9-45所示。

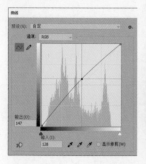

图9-44

图9-45

将选区转为快速蒙版 将快速蒙版转换为选区后，如果还需要在快速蒙版上编辑，可以单击工具箱底部的"以快速蒙版模式编辑"按钮，进入蒙版编辑状态。

9.6 "天空替换"命令

一张好的图片因为天空过曝而丢弃实在可惜，此时可以使用"天空替换"命令为图片快速更换合适的天空背景。

01 打开素材文件中的"风景"，可以看到画面中的天空一片白，如图9-46所示。

图9-46

图9-48

02 单击菜单栏"编辑">"天空替换"命令，打开"天空替换"对话框，单击"天空"右侧的图片，可以在下拉列表中浏览并使用软件预设的天空素材，如图9-47所示。天空替换效果如图9-48所示。

图9-47

03 可以在"天空替换"对话框中调整相应参数，使替换的天空效果更自然，本例对天空的亮度和色温进行调整，参数设置如图9-49所示，效果如图9-50所示。

图9-49

图9-50

04 如果在预设的天空素材中未找到合适的，也可以使用自己提前准备的天空素材。在"天空替换"对话框中添加天空素材的方法如图9-51所示。

图9-51

9.7 关于通道

通道的主要用途是保存图像的颜色信息和选区。在颜色方面，利用通道可以调色；在选区方面，利用通道可以抠图。

9.7.1 通道与颜色

打开一张图片，Photoshop会在"通道"面板中自动创建它的颜色通道，如图9-52所示。通道记录了图像内容和颜色信息。修改图像内容或调整图像颜色，颜色通道中的图像就会发生相应的改变。

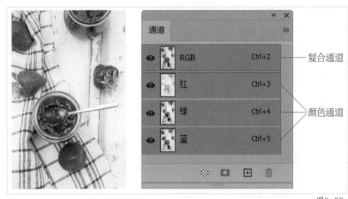

图9-52

复合通道 它是以彩色显示，位于"通道"面板的最上层。在复合通道下，可以同时预览和编辑所有颜色通道。

颜色通道 它们位于复合通道的下方，通道中的颜色通道取决于该图像中单一色调的数量，并以灰度图像来记录颜色的分布情况。单击"通道"面板中的某个通道即可选中该通道，文件窗口中会显示所选通道的灰度图像，这里选中"红"通道，如图9-53所示。按住"Shift"键并单击多个通道，可以同时选中多个通道，此时窗口中会显示所选颜色通道的复合信息，例如同时选中"红"和"绿"通道，如图9-54所示。单击复合通道，可以显示所有颜色通道。

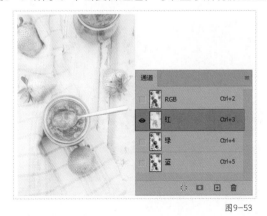

图9-53

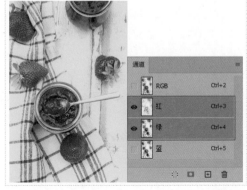

图9-54

在不同的图像模式下，通道也是不一样的，图9-55和图9-56所示分别为将该图像转换为CMYK颜色模式和Lab颜色模式后的"通道"面板。

图9-55

图9-56

9.7.2 课堂案例：利用通道将图片调成淡色调

在Photoshop中，可以使用通道进行调色。使用通道调色非常快捷，尤其是使用通道替换法，很容易实现颜色的改变，后期稍微调整一下整体颜色即可得到想要的效果。在设计画册封面时，用作封面的图像通常需要调整一下色调，以与主题相符。下面就以旅行画册中封面图的调色操作为例，介绍使用通道调色的方法。原图和效果图如图9-57所示。

原图

效果图

图9-57

01 从画册封面的文字可以读出画册带有怀旧的意境，因此可以考虑在配图时将图片处理成带有怀旧风格的色调。打开素材文件中的"封面图"，单击菜单栏"图像">"模式">"Lab颜色"命令，将图片由RGB颜色模式转换为Lab颜色模式，该操作的目的是利用Lab颜色模式的"明度"通道将图片与背景混合，降低图片的饱和度，如图9-58所示。

图9-58

02 在"通道"面板中单击"明度"通道缩览图，进入"明度"通道编辑状态，此时图片变为黑白色。按"Ctrl+A"组合键，选中整个画面，然后按"Ctrl+C"组合键，复制"明度"通道信息至剪贴板中备用，如图9-59所示。

图9-59

03 单击菜单栏"图像">"模式">"RGB颜色"命令，将图片由Lab颜色模式转换为RGB颜色模式，恢复为原始的颜色模式。在"图层"面板中，按"Ctrl+V"组合键，粘贴步骤02中复制的Lab颜色模式的"明度"通道信息，获得"图层 1"图层。将"图层 1"的"不透明度"设置为25%，使画面在不损失细节、明度的前提下，降低饱和度，完成淡色调的制作，如图9-60所示。

图9-60

04 单击"调整"面板中的"创建新的色彩平衡调整"按钮，创建"色彩平衡"调整图层。在"色调"下拉列表中选择"中间调"选项，向左拖动黄色与蓝色滑块以增加黄色，色值为-60，如图9-61所示，使画面呈现柔美的怀旧色调，如图9-62所示。

图9-61

图9-62

05 打开旅游画册文件，如图9-63所示。合并封面图的调整效果，使用移动工具将封面图移动到画册"矩形 1"图层的上方，选中"封面图"图层，单击菜单栏"图层">"创建剪贴蒙版"命令，将该图层与它下面的"矩形 1"图层创建成一个剪贴蒙版组，使用"变换"命令调整封面图到适当大小，效果如图9-64所示。

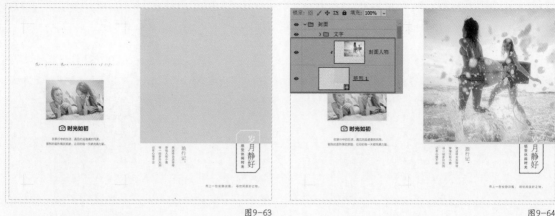

图9-63　　　　　　　　　　　　　　　　　　　　　　　图9-64

9.7.3　通道与选区

在"通道"面板中选中任意一个颜色通道，然后单击"通道"面板下方的"将通道作为选区载入"按钮 ⬚，即可载入通道选区，其中白色的部分为选区内部、黑色部分为选区外部、灰色区域为羽化区域，

如图9-65所示。颜色通道中的图像是灰度图像，排除了颜色的影响，更容易进行明暗调整。利用通道转换为选区功能，可以进行一些较为复杂的抠图操作。

图9-65

9.7.4　课堂案例：使用通道进行抠图

使用通道进行抠图是一种比较专业的抠图方法，能够抠出使用其他抠图方式无法抠出的对象。对于人像、有毛发的动物、薄纱或水等一些比较特殊的对象来说，都可以尝试使用通道进行抠图。下面以将图片中水花和人物从背景中分离出来为例，介绍使用通道抠图的方法。

01 打开素材文件，如图9-66所示，由于图片的白色背景无法与化妆品海报的背景融合，因此需要将模特和水花抠取出来。

图9-66

02 打开"通道"面板，分别选中"红""绿""蓝"通道，观察窗口中的图像，找到主体与背景反差最大的颜色通道，可以看到本例"蓝"通道中人物与背景的明暗对比最大，如图9-67所示。

图9-67

03 选中"蓝"通道并将其拖动到"创建新通道"按钮上进行复制（不能在原通道上进行操作，因为会改变颜色），得到"蓝 拷贝"通道，如图9-68所示。按"Ctrl+L"组合键，弹出"色阶"对话框，在"输入色阶"选项组中，向右拖动"黑色"滑块至45以压暗阴影区域，向右拖动"灰色"滑块至0.10以压暗中间调，将人物和水花调暗，如图9-69所示，效果如图9-70所示。

图9-68

图9-69

图9-70

04 选择画笔工具，将前景色设置为黑色，在人物处涂抹，然后降低画笔工具的不透明度，在水花处涂抹，使水花呈现半透明状态，如图9-71所示。

图9-71

05 单击"通道"面板下方的"将通道作为选区载入"按钮，如图9-72所示，将"蓝 拷贝"通道创建为选区，如图9-73所示，按"Ctrl+Shift+I"组合键反选选区，选中人物和水花，如图9-74所示。

图9-72

图9-73

图9-74

06 单击"RGB"复合通道，返回"图层"面板，如图9-75所示，按"Ctrl+J"组合键，将选区中的图像创建为一个新图层，完成抠图操作，图9-76所示为将背景图层隐藏后的效果。

图9-75　　　　　　　　　　　　　　　　　　　图9-76

9.7.5 Alpha通道

创建的选区越复杂，制作它花费的时间也就越多。为了避免因失误丢失选区，或者为了方便以后继续使用和修改选区，应该及时把选区存储起来。Alpha通道就是用来保存选区的。将选区保存到Alpha通道后，使用"存储为"命令保存文件时，选择PSB、PSD、PDF和TIFF等格式就可以保存Alpha通道。

Alpha通道有3种用途：一是用于保存选区；二是用于将选区存储为灰度图像，这样就能够用画笔工具编辑Alpha通道，从而修改选区；三是用于载入选区。在Alpha通道中，白色代表选区内部，黑色代表选区外部，灰色代表羽化区域。用白色涂抹Alpha通道中的图像可以扩大选区；用黑色涂抹Alpha通道中的图像可以收缩选区；用灰色涂抹Alpha通道中的图像可以增大羽化范围。

以当前选区创建Alpha通道 该功能相当于将选区存储在通道中，需要使用的时候可以随时调用。而且为选区创建Alpha通道后，选区变成可见的灰度图像，对灰度图像进行编辑即可达到对选区形状进行编辑的目的。当图像中包含选区时，如图9-77所示，单击"通道"面板底部的"将选区存储为通道"按钮 ，即可得到一个Alpha通道，如图9-78所示，选区会存入其中。

图9-77　　　　　　　　　　　图9-78

将Alpha通道转为灰度图像 在"通道"面板中将其他通道隐藏，只显示Alpha通道，此时画面中显示灰度图像，这样就可以使用画笔工具对Alpha通道进行编辑。

将Alpha通道转为选区 单击"通道"面板下方的"将通道作为选区载入"按钮 ，即可载入存储在通道中的选区 。

9.8 课后习题

使用通道进行抠图是在 Photoshop 中被使用得最多的技巧之一，因此很有必要学习并熟练掌握。素材文件中提供了人像、半透明的物体、边缘复杂的植物等多个素材，请使用这些素材进行使用通道抠图的练习。

第 **10** 章

综合实例

本章内容导读

本章通过讲解护肤品海报设计、户外宣传广告设计、蜜桃礼盒包装设计、网店首屏海报设计和创意汽车海报设计等实例，介绍各类设计的特点及应注意的事项。

重要知识点

● 海报设计的基本原则。

● 参考线与出血线的应用。

学习本章后，读者能做什么

通过对本章的学习，读者可以尝试设计各种类型的广告，有助于积累实战经验，为就业铺路。

10.1 护肤品海报设计

　　对于从事平面设计或文案策划宣传类工作的人员来说，能够制作精美的海报是必备的技能。制作海报，首先需要明确海报的主题，根据主题去搭配相关的文字和图片素材。本例以设计一张护肤品海报为例，介绍设计一张精美的海报应注意的事项及要求，本例效果如图10-1所示。

图10-1

　　想要制作出精美的海报，在设计时就要遵循3个基本原则：一、主题突出，内容精练；二、图片为主，文字为辅（也有一些特殊的情况以文字为主、图片为辅）；三、具有视觉冲击力。本例具体操作步骤如下。

01 根据海报用途，新建文件。本例海报在设计完成后，要使用写真机输出并张贴于室内做宣传。根据张贴位置确定一个尺寸或者由客户提供尺寸。本例创建尺寸为136厘米×60厘米（横版）的文件，海报需要用写真机输出，因此"分辨率"和"颜色模式"按照写真机输出要求设置，将"分辨率"设为72像素/英寸、"颜色模式"设为CMYK颜色模式、文件名称设为"护肤品海报设计"。

02 排版设计前，可以画出草图，对海报中的文字和图片进行简单布局（这样做可以减少后续排版时间）。本例图片放置在画面两侧，产品在左，模特在右，以此突出产品；中间部分留出足够的空间放置文字，以创造出稳定感，如图10-2所示（蓝色表示图片，灰色表示文字）。

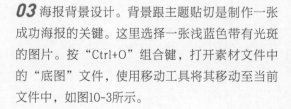

图10-2

03 海报背景设计。背景跟主题贴切是制作一张成功海报的关键。这里选择一张浅蓝色带有光斑的图片。按"Ctrl+O"组合键，打开素材文件中的"底图"文件，使用移动工具将其移动至当前文件中，如图10-3所示。

图10-3

04 打开素材文件中的"产品模特"文件（该图使用"通道"进行抠图，方法详见第9章。素材文件中包含

原图，可用于抠图
练习），如图10-4
所示，将它添加到
当前文件中，放置
在画面最右侧并缩
放到合适大小，如
图10-5所示。

图10-4

图10-5

05 为"产品模特"图层添加"外发光"图层样式，使它与画面
背景自然融合，参数设置如图10-6所示，效果如图10-7所示。

外发光
结构
混合模式：正常
不透明度(O)：25 %
杂色(N)：0 %

图素
方法：柔和
扩展(P)：10 %
大小(S)：194 像素
品质

图10-6

图10-7

06 打开素材文件中的"美肤产品"和"水花"文件，如图10-8所示，并将它们添加到当前文件中，
将"水花"图层放置在"美肤产品"图层上方，并将"水花"图层的"混合模式"设置
为"正片叠底"，这样水花可以与它下方图层自然融合，效果如图10-9所示。

图10-8

图10-9

07 根据布局要求对文
字进行编排，设计出对
比效果明显的版面。选
择横排文字工具，在工
具选项栏中设置合适的
字体、字号、颜色等，
在画面中输入主题文
字"水润修复　靓白紧
致"。参数设置如图
10-10所示，效果如图
10-11所示。

"方正中倩简体"字体笔划粗细对比适中，具有婉转妩媚、温顺
乖巧的气质，给人以美的感受，适合女性产品广告设计。

字体颜色选用比背景色深的蓝色，色值为"C82 M43 Y2 K0"，它
可使版面显得更加协调。

字符
方正中倩简体　Regular
T 171.5 点　(自动)
V/A 0　VA -75
0%
T 100%　T 100%
A 0 点　颜色：
美国英语　半滑

图10-10

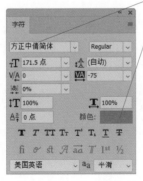

补水保湿 滋润肌肤

图10-11

08 对主题文字进行创意设计，从而巧妙地强调文字。在文字下半部分创建选区，如图10-12所示。新建一个图层并重命名为"蓝渐变"，选择渐变工具，进行由蓝到透明的渐变填充（蓝色色值为"C99　M85　Y44　K8"，比原文字深可以让文字上下分出层次），效果如图10-13所示。按"Ctrl+Alt+G"组合键将该图层以剪贴蒙版的方式置入主题文字，如图10-14所示。

图10-12　　　　　　　　　　　　　　　图10-13　　　　　　　　　　　　　　　图10-14

09 打开素材文件中的"光斑"文件，如图10-15所示，将其添加到当前文件，设置图层的"混合模式"为"叠加"，并以剪贴蒙版的方式置入主题文字，效果如图10-16所示。

图10-15　　　　　　　　　　　　　　　图10-16

10 在主题文字的上方和下方输入广告语"肤美白 白茶系列"和"全面解决肌肤干燥提升焕白光晕"。为了突出功效，将"全面解决肌肤干燥提升焕白光晕"文字适当调大。在主题文字下方绘制一条横线，该横线起到间隔文字、装饰主题文字的作用。对广告语和横线应用"渐变叠加"效果，使它们与主题文字相协调。具体参数设置及相关操作步骤见本例视频，效果如图10-17所示。

图10-17

11 输入价格，人民币符号使用较小的字号以突出数字。输入"新品抢先价"并在下方添加一个渐变底图，让文字显眼一些。具体参数设置及相关操作步骤详见本例视频，效果如图10-18所示。

图10-18

12 制作光感图层以平衡画面的亮度。新建一个图层，将其命名为"光感"图层，使用渐变工具进行由白到灰的渐变填充，将该图层的"混合模式"设置为"叠加"，"不透明度"设置为35%，如图10-19所示，效果如图10-20所示。

图10-19　　　　　　　　　　　　　　　图10-20

10.2 户外宣传广告设计

户外宣传广告主要利用的宣传平台有高速公路、大型超市、高空建筑等场合的广告牌，材料主要采用喷绘布，喷绘以其大幅、吸引力强而广受喜爱。下面通过饮料户外宣传广告实例的设计，介绍在设计大型喷绘版面时应该注意的事项。本例效果如图10-21所示。

图10-21

01 本例为饮料户外宣传广告设计，尺寸为250厘米×375厘米（竖版），以时尚健康、源于自然为主题进行设计。根据设计要求创建文件。新建一个宽为250厘米、高为375厘米、"分辨率"为25像素/英寸、"颜色模式"为CMYK颜色模式、文件名称为"室外大幅喷绘设计"的文件。

02 打开素材文件"蓝背景"，并将它添加到当前文件中，如图10-22所示。

03 添加Logo和广告语。打开素材文件"Logo"和"柠檬每日鲜"，并将它添加到当前文件的蓝背景上方，如图10-23所示。

04 对广告语进行编辑，突出文字，先扩展选区并填充颜色。按住"Ctrl"键并单击"柠檬每日鲜"图层的缩览图，创建选区，如图10-24所示。单击菜单栏"选择"＞"修改"＞"扩展"命令，打开"扩展选区"对话框，设置"扩展量"为30像素，如图10-25所示。扩大了选区范围，将轮廓内的选区合并，扩展效果如图10-26所示。在"柠檬每日鲜"图层的下方新建一个图层，将其命名为"柠檬每日鲜扩边"，并为该图层填充黄色，色值为"C4 M25 Y89 K0"，如图10-27所示。

图10-24

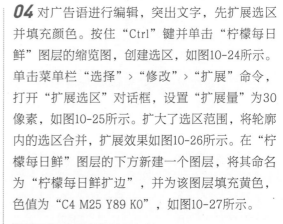

图10-25

图10-22　　　　　　　图10-23

图10-26

图10-27

05 选中"柠檬每日鲜"图层，为该图层添加"斜面和浮雕"图层样式，参数设置如图10-28所示，效果如图10-29所示。

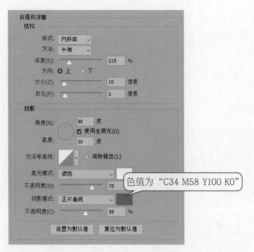

图10-28

图10-29

06 使用钢笔工具绘制水滴形状，将该形状转换为选区，然后新建一个图层，为它填充黄色（色值为"C4 M35 Y86 K0"），如图10-30所示。使用横排文字工具，设置字体为"汉仪中圆简"、字号为"215点"、颜色为白色，在该形状的上方输入文字"无气低糖"，如图10-31所示。

图10-30　　　　　　　　　图10-31

07 打开素材文件"饮料瓶"，并将其添加到当前文件中，如图10-32所示。打开素材文件"柠檬"，并将其添加到当前文件中，然后将"柠檬"图层移动到"饮料瓶"图层的下方，如图10-33所示。为"饮料瓶"图层添加蒙版，编辑蒙版，制作出瓶子放在柠檬中的效果，参数设置如图10-34所示，效果如图10-35所示。

图10-32　　　　　　　　　图10-33

图10-34　　　　　　　　　图10-35

08 新建一个图层，将其命名为"阴影"，使用画笔工具绘制投影，让效果更逼真，如图10-36所示。打开素材文件"水花"，并将其添加到当前文件中，添加蒙版将柠檬底部显示出来，参数设置如图10-37所示，效果如图10-38所示。

图10-36

图10-37

图10-38

09 将素材文件"柠檬1""柠檬2"添加到当前文件中，如图10-39所示。将素材文件"叶子""叶子1""叶子2""叶子3"添加到当前文件中并进行编组，将其命名为"叶子"，将该组移至"蓝背景"图层的上方，效果如图10-40所示。

图10-39

图10-40

10 将素材文件"饮料瓶"添加到当前文件中，复制一个饮料瓶，将它们缩放至合适大小，放置于画面的右下角。将素材文件"水珠"添加到当前文件中，并将其移动到"阴影"图层的上方，然后添加蒙版将饮料瓶、柠檬、产品Logo和广告语处的水珠隐藏，如图10-41所示。最终效果如图10-42所示。

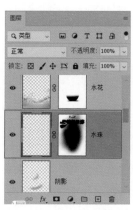
图10-41

图10-42

📖 **职场经验**

　　喷绘广告一般用于户外，输出的画面很大，分辨率并没有明确的要求，但输出喷绘广告的设备一般对分辨率有一定的要求，以达到最高效率。否则如此大的尺寸，分辨率过高会让设备处理速度变慢。喷绘广告文件的分辨率一般为25像素/英寸，但有时候画幅过大也可以调整到15像素/英寸，甚至更低。

10.3 蜜桃礼盒包装设计

　　包装能突出产品的特色和形象，将信息传递给消费者。在进行包装设计前，需要了解市场的需求，把握商品自身的定位和特征，才能进行有针对性的设计。下面以蜜桃礼盒包装设计为例，介绍包装设计中应该注意的事项，本例效果如图10-43、图10-44所示。

蜜桃礼盒平面效果图

蜜桃礼盒立体效果图

图10-43

图10-44

本例分两部分进行讲解：一是制作蜜桃礼盒平面图；二是制作蜜桃礼盒立体效果图。

1. 制作蜜桃礼盒平面图

设计一款包装应该注意哪些事项呢？

包装设计的主题通常为包装名称和主图，另外，礼盒包装还应该包含说明文字、广告语、净重量、生产许可、条形码等信息。那么，一款成功的包装设计需要具备哪些基本点？①好的包装设计对消费者有着很强的吸引力，会使他们眼前一亮；②包装上的文字要清晰易读，内容要简单直接；③外观图案要美观大方、醒目、寓意性强并且富有艺术性；④商品的功能、特点、注意事项等也要用简单明了的图文表示出来；⑤在包装设计的过程中，必须注重产品名称、图片、颜色等各个要素与整体的关系。

01 确定礼盒的宽度、高度和厚度。本例礼盒尺寸要求：宽32厘米、高23厘米、厚8.5厘米。在设计礼盒平面展开图时，通常要将礼盒的正面和侧面连在一起进行排版设计，因此设置一个宽度为41.1厘米、高度为23.6厘米（礼盒需要印刷，该尺寸包含四周加的3毫米出血）的正、侧面展开图，并按照印刷要求设置"分辨率"为300像素/英寸、"颜色模式"为CMYK颜色模式、文件名称为"蜜桃礼盒设计"。使用参考线标出包装的正面和侧面的分界线以及出血线，如图10-45所示。

图10-45

02 设计礼盒的正面。本例礼盒以粉红色为主色，该颜色接近水蜜桃的颜色，粉色中透着点红，给人以清新、新鲜的气息。将素材文件夹中的"Logo"文件添加到礼盒正面的右上角，将素材文件夹中的"蜜桃"文件添加到礼盒正面中间位置，如图10-46所示。

图10-46

03 将素材文件夹中的"桃子"文件添加到礼盒正面的左侧位置，将素材文件夹中的"地板"文件添加到"桃子"图层的下方，并为"地板"添加图层样式，"投影"图层样式的参数设置如图10-47所示，效果如图10-48所示。

图10-47

04 将素材文件夹中的"桃树""桃树1""桃树2""花瓣""叶子"文件添加进来以充实画面效果，将"桃树1""桃树2"的图层混合模式设置为"变暗"；将素材文件夹中的"光照更强 营养更高"文件添加到礼盒正面的左上角，效果如图10-49所示。

图10-49

05 将素材文件夹中的"云层"文件添加到礼盒正面，作为正面背景；新建一个图层，将其命名为"粉色渐变"，选择渐变工具，在画面中由上到下绘制粉色到透明的渐变粉色，色值为"C0 M81 Y35 K0"，如图10-50所示。

图10-48

图10-50

06 选择横排文字工具，在礼盒名称的下方输入说明文字（大字和英文使用点文本创建，小字使用段落文本创建），在文字的下方绘制竖线，如图10-51所示。

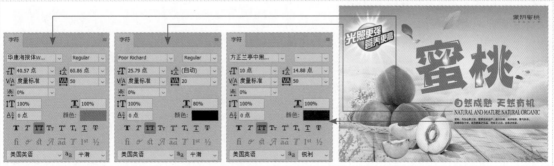

图10-51

07 选择矩形工具，在礼盒正面的右下角绘制圆角矩形，参数设置如图10-52所示；使用横排文字工具在圆角矩形的上方输入文字"鲜美果肉　口感丰富"和"新鲜"，设置"鲜美果肉　口感丰富"的字体为"黑体"、字号为"14.5"设置"新鲜"的字体为"方正兰亭特黑简体"、字号为"16点"；使用直线工具在文字之间绘制横线（用于分隔文字，同时也可以美化画面），效果如图10-53所示。

图10-52

图10-53

08 在礼盒中添加净含量内容。选择矩形工具，在工具选项栏中设置路径模式为"形状"，设置填充颜色为玫红色，色值为"C16 M87 Y65 K1"，设置描边为无填充，设置圆角半径值为"50像素"，在礼盒正面的右下角绘制圆角矩形；选择横排文字工具，设置字体为"方正正中黑简体"、字号为"21点"，在圆角矩形的上方输入"净含量：5kg"，将正面的所有图层编为一组，完成礼盒正面的设计，如图10-54所示。

图10-54

09 设计礼盒侧面。新建一个图层，使用矩形选框工具将礼盒侧面创建为选区，填充颜色；打开素材文件中的"Health"文件，并将其添加到当前文件礼盒侧面的中间位置；选择"横排文字工具"，以"点文本"的方式输入"营养健康每一天"，设置字体为"方正正黑简体"、字号为"23.5点"；以"段落文本"的方式输入简介，设置字体为"方正兰亭准黑简体"、字号为"8点"，如图10-55所示。

图10-55

10 将素材文件中的条形码、生产许可图标、提示性标识图标添加到礼盒侧面，将侧面的所有图层编为一组，完成礼盒侧面的设计，如图10-56所示。

图10-56

关于印刷中黑色文字的设置

印刷中的黑色文字要用单色黑，因为印刷是四色印刷，需要套印。如果用四色黑或其他颜色，在进行套印时，如果偏一点点，就会导致印出来的字偏色，特别是比较小号的字。如果是在Photoshop中设计的，还必须将文字图层的混合模式设为"正片叠底"，这样印刷效果会更好。

2. 制作蜜桃礼盒立体效果图

包装效果图要根据包装的材质设计制作，通过对包装外形和光影进行表现，塑造包装的立体感。制作蜜桃礼盒包装立体效果图的具体操作步骤如下。

01 将图层导出为单个文件，为制作包装立体效果做准备。按"Ctrl+Alt+Shift+E"组合键将所有可见图层中的图像盖印到一个新图层中，使用矩形选框工具选中礼盒正面，如图10-57所示。按"Ctrl+J"组合键将选中的图像创建到一个新图层中，将其命名为"礼盒正面"，右击该图层，在弹出的快捷菜单中单击"导出为"命令，如图10-58所示。

图10-57

图10-58

02 打开"导出为"对话框，在该对话框中设置需要导出的文件格式，本例选择"JPG"，选中"转换为sRGB"选项（因为礼盒包装立体效果仅为模拟样盒效果，不用于印刷），其他选项为默认设置；单击"导出"按钮，如图10-59所示，将"礼盒正面"图层导出为一个JPG格式文件。按相同方法将礼盒侧面导出为一个名为"礼盒侧面"的JPG格式文件。

图10-59

03 在"新建文档"对话框的"打印"预设选项中，创建一个A4纸大小、"颜色模式"为RGB颜色模式、名为"蜜桃礼盒立体效果"的文件。背景填充渐变灰色，用于凸显包装效果。

04 打开"礼盒正面"文件并将其添加到"蜜桃礼盒立体效果"文件中。单击菜单栏"编辑">"变换">"缩放"命令，将礼盒正面等比例缩小到适当大小，如图10-60所示。

图10-60

05 当从侧面看礼盒的正面时，就会产生透视效果：一是宽度变窄了；二是上下两个水平边会变成斜边，两个垂直边会变成一高一矮。压缩礼盒正面的宽度，按住"Shift"键向左拖动定界框右边中间的控制点，就可以压缩宽度，如图10-61所示，压缩的幅度可根据透视规律适当设定。

图10-61

06 调整礼盒正面的四边。在变换状态下单击鼠标右键，弹出变换快捷菜单，单击"斜切"命令（可以从垂直或水平方向进行变形），如图10-62所示。向下拖动定界框左边顶端的控制点，向上拖动定界框左边底端的控制点，使礼盒正面呈现近大远小的透视效果，如图10-63所示。

图10-62

图10-63

07 打开"礼盒侧面"文件，将其添加到"蜜桃礼盒立体效果"文件中并放置在礼盒正面右侧边缘处。单击菜单栏"编辑">"变换">"缩放"命令，将礼盒侧面等比例缩放使礼盒侧面的高度与礼盒正面右侧边缘的高度一致，如图10-64所示。

图10-64

08 调整礼盒侧面的透视关系。压缩礼盒侧面宽度，如图10-65所示；调整礼盒侧面的四边，单击鼠标右键，在弹出的快捷菜单中单击"斜切"命令，向下拖动定界框右边顶端的控制点，向上拖动定界框右边底端的控制点，使礼盒侧面呈现近高远低的透视效果，如图10-66所示。

图10-65

图10-66

09 调整礼盒正面和侧面在画面中的位置，并为礼盒添加提手与投影，使礼盒立体效果更真实，具体参数设置及相关操作步骤详见本例视频，效果如图10-67所示。

图10-67

10.4 网店首屏海报设计

　　网店首屏海报一般位于网店首页中最醒目的区域，是对店铺最新商品、促销活动等信息进行展示的区域。因此，网店首屏海报的设计必须简洁鲜明、有号召力与艺术感染力，以达到引人注目的效果。下面通过女装网店首屏海报的设计，介绍网店首屏海报设计的要求及应该注意的事项，本例效果如图10-68所示。

图10-68

　　网店首屏海报用于将主推商品、优惠活动等展现给顾客，可用"新品推出"或"打折"等字样吸引顾客，从而增加浏览量和交易量。网店首屏海报整体色调、所用字体等要与店铺整体格调一致。

网店首屏海报在设计上可遵循海报设计的一些特点，但在文件设置上有一些不同。在电商平台网页首屏展示常需要考虑海报的显示效果，保证海报不会出现失真现象，因此对海报的尺寸有一定的要求。通常海报为横版海报，宽度一般为800像素、1024像素、1280像素、1440像素、1680像素或1920像素，高度可根据实际情况调整。本例为女装网店首屏主推的春季新品海报设计案例，要求画面风格清新文艺，尺寸要求为1920像素×1000像素（横版）。

01 根据设计要求创建文件。新建一个尺寸为1920像素×1000像素、"分辨率"为72像素/英寸、"颜色模式"为RGB颜色模式、文件名称为"网店首屏海报设计"的文件，设置前景色的色值为"R253 G238 B237"（浅色豆沙粉适合表现春季活跃的气息），为背景添加一个淡雅的颜色，如图10-69所示。

图10-69

02 本例首屏海报主推春装，将海报宣传语及促销时间安排在画面左侧；海报主图（服装模特）安排在版面中间偏右位置，使其更醒目；使用之前讲述的方法，将服装模特的人像处理成与右侧背景图底色一致的色调并放在主图右侧，这样既能丰富背景又能突出主图；最后在版面的右侧加一段描述性文字用于烘托主题。先将主图添加到版面中。打开素材文件中的"人物1"文件（该图使用"通道"进行抠图，方法详见第9章，素材文件中包含的原图可用于抠图练习），使用移动工具将"人物1"拖曳至"网店首屏海报"文件中，缩放至合适大小，并放置在画面黄金比例位置（黄金比例是一种特殊的比例关系，也就是0.618：1。符合黄金比例的画面会让人觉得和谐、醒目并且具有美感）。为该图层添加"投影"图层样式，让人物有一定的立体感，参数设置如图10-70所示，效果如图10-71所示。

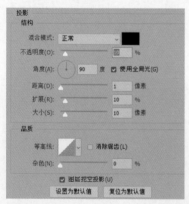

图10-70

图10-71

03 在"人物1"图层的下方创建一个图层，使用矩形选框工具在主图的左侧绘制选区，填充深豆沙粉色，色值为"R236 G109 B86"（该颜色比粉色更有色彩感，比红色更内敛，这种带着青春浪漫气息的豆沙粉色系适合用于女性用品主题海报）。打开素材文件中的"花纹"文件，将其添加到当前文件中，并移动到"深色豆沙粉色底"图层的上方，将图层的"混合模式"设置为"滤色"，用于装饰该色块使其不单调，如图10-72所示。

图10-72

图10-73

04 打开素材文件中的"人物2"文件,将其添加到当前文件"人物1"图层的下方,并移动到主图的右侧,如图10-73所示。

05 将"人物2"处理成单色效果,使其与背景颜色相统一。单击"调整"面板中的"创建新的渐变映射

调整图层"按钮,创建"渐变映射"调整图层。在其"属性"面板中单击渐变颜色条,如图10-74所示,在弹出的"渐变编辑器"对话框中设置渐变颜色,双击渐变颜色条左侧色标,打开"拾色器"对话框,将颜色设置为深豆沙粉色,色值为"R236 G109 B86",将右侧色标设置为白色,色值为"R255 G255 B255",设置完成后单击"确定"按钮,如图10-75所示。

图10-74

图10-75

06 由于调整图层会影响到它下方所有可见图像,因此使用"渐变映射"调整图层后,除"人物2"外的

图像也都发生了变化,如图10-76所示。想要单独对"人物2"应用"渐变映射"效果,就需要将该调整图层以剪贴蒙版的方式置入"人物2"图层中。选中"渐变映射"调整图层,然后单击菜单栏"图层">"创建剪贴蒙版"命令,效果如图10-77所示。将"人物2"处理成单色效果,既能充实画面、突出主图,又能让版面看起来更有层次。

图10-76

图10-77

💡**提示** "渐变映射"调整图层是通过在图像上叠加渐变颜色来改变画面整体颜色的，利用该调整图层赋予图像新的颜色，从而进行创造性的颜色调整。如果指定的是双色渐变，图像中的高光就会映射到渐变填充的一个端点颜色上，阴影则映射到另一个端点颜色上，中间调映射为两个端点颜色之间的渐变。

07 打开素材文件中的"光影"文件，并将其添加到当前文件背景图层的上方，将图层的"不透明度"设置为50%，效果如图10-78所示。为该图层添加图层蒙版，将画面右侧隐藏一部分，使画面亮度均匀一些，如图10-79所示。

图10-78

图10-79

08 新建一个图层，将其命名为"基底图层"。使用矩形选框工具在画面中绘制选区并填充白色。为该图层添加"投影"图层样式，参数设置如图10-80所示，效果如图10-81所示。

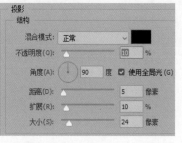

图10-80

图10-81

09 将"基底图层"图层移动到背景图层的上方，同时选中"花纹""深色豆沙粉色底""光影背景"这3个图层，单击菜单栏"图层"＞"创建剪贴蒙版"命令，将这3个图层以剪贴蒙版的方式置入"基底图层"图层中，如图10-82所示。将"人物 1""人物 2"图层与"基底图层"图层进行底对齐，效果如图10-83所示。这样画面上下留出对等的窄边，主图人物在画面中不会有压迫感，同时留出的窄边也会增加画面的层次感。

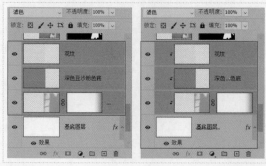

图10-82

图10-83

10 输入左侧的文字，横向排列，对文字字体、大小使用差异较大的设置，这样可以创造活泼、对比强烈的版面。选择横排文字工具，在工具选项栏中设置合适的字体、字号、颜色，在画面中以"点文本"的方式输入广告文字（具体创建方法见第8章），效果如图10-84所示。

图10-84

11 输入右侧的文字，竖向排列。选择直排文字工具，在工具选项栏中设置合适的字体、字号、颜色，在画面中以"段落文本"的方式输入文字（具体创建方法见第8章）。最终效果如图10-85所示。

图10-85

10.5 创意汽车海报设计

创意合成指的是对多张图片进行艺术加工后，将它们合成一张图片。创意合成前期的构思与素材收集非常重要，要是没有合适的素材，很难制作出视觉强烈的作品。本例以"5G汽车玩转世界"为主题，通过大胆想象和创意设计，让汽车在海底世界驰骋，本例效果如图10-86所示。

做创意合成前要了解的注意事项：（1）创意合成素材的组合要有一定的关联，画面元素之间的关系不能太生硬；（2）素材与主体光照方向、高度应一致，在合成画面的各个素材中，如果侧光的主体与顺光的背景合成、高位光主体与低位光背景合成等，会导致画面出现光线不一致的现象；（3）角度、透视、大小、比例和颜色应协调，不同的拍摄角度及镜头焦距变化都会为画面带来不同的透视变化；（4）合成边缘要过渡自然，尽量做到"真实"、无拼合感。

图10-86

01 创建一个尺寸为29.7厘米×42厘米（竖版）、"分辨率"为72像素/英寸、"颜色模式"为RGB颜色模式（如果需要用于印刷则选用CMYK颜色模式）、文件名为"创意汽车海报设计"的文件。将前景色设置为深蓝色（色值为"R0 G35 B63"），填充背景图层，制作出海底的深色，如图10-87所示。

图10-87

02 新建一个图层，将其命名为"浅蓝"，选择画笔工具，将笔尖设置为柔边笔触，设置前景色为浅蓝色（色值为"R38 G127 B157"），设置不同的笔尖大小和不透明度在画面中涂抹提亮，从而打造海水的层次感，如图10-88所示。

图10-88

03 打开素材文件中的"海底"文件并将其添加到当前文件中，如图10-89所示。对该图层应用图层蒙版，将上方画面遮住，如图10-90所示。

图10-89

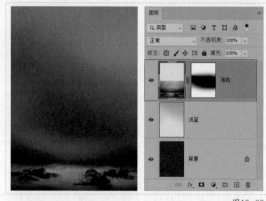

图10-90

04 打开素材文件中的"海面"文件并将其添加到当前文件中，如图10-91所示。应用图层蒙版并对该蒙版进行编辑，将该海面下方的画面遮住，如图10-92所示。

图10-91

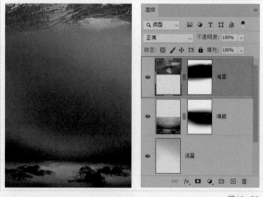

图10-92

05 从画面中可以看到，海面的明暗对比不够并且饱和度过高，从而与海底整体色调不搭。在"调整"面板中创建"色阶"和"色相/饱和度"调整图层，并以剪贴蒙版的方式置入"海面"图层，只对海面进行调整。在"色阶"调整图层的"属性"面板中向右拖动"中间调"滑块，压暗中间调；向左拖动"高光"滑块，提亮高光；向右拖动"阴影"滑块，压暗阴影，增加画面的明暗对比效果。参数设置如图10-93所示。在"色相/饱和度"调整图层的"属性"面板中，向左拖动"饱和度"滑块，降低画面的饱和度，参数设置如图10-94所示，效果如图10-95所示。将"海面"图层与"色阶""色相/饱和度"调整图层创建到一个组中，将其命名为"海面"，如图10-96所示。

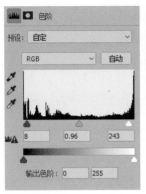

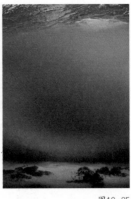

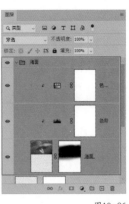

图10-93	图10-94	图10-95	图10-96

06 打开素材文件中的"大鲸鱼"文件并将其添加到当前文件中，如图10-97所示。画面中的大鲸鱼色彩偏蓝，与中间的海水色调不统一，在"调整"面板中创建"色阶""色彩平衡""色相/饱和度"调整图层，并以剪贴蒙版的方式置入"大鲸鱼"图层，只对"大鲸鱼"图层进行调整：对"大鲸鱼"图层的"色阶"和"色相/饱和度"调整图层进行与"海面"图层一样的调整。在"色彩平衡"调整图层的"属性"面板中，由于大鲸鱼整体偏色，选择"中间调"选项进行调整，向左拖动黄色与蓝色滑块以减少蓝色，向左拖动青色与红色滑块以增加青色，参数设置如图10-98所示。效果如图10-99所示，此时大鲸鱼与海水色调基本协调。将"大鲸鱼"图层与"色阶""色相/饱和度""色彩平衡"调整图层创建到一个组中，将其命名为"大鲸鱼"，如图10-100所示。

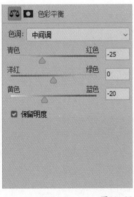

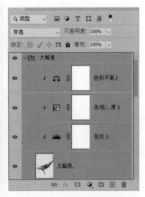

图10-97	图10-98	图10-99	图10-100

07 打开本例的主角"汽车"文件并将其添加到当前文件中，如图10-101所示。可以看到汽车暗部不够暗，并且汽车整体偏黄，与整体色调不协调，使用"色阶""色彩平衡""可选颜色"调整图层进行调整，将它们以剪贴蒙版的方式置入"汽车"图层，只对"汽车"图层进行调整。针对汽车暗部不够暗的情况，在"色阶"调整图层中，向右拖动"阴影"滑块以压暗暗部，向左拖动"高光"滑块以适当提亮高光，参数设置如图10-102所示，效果如图10-103所示。针对汽车整体偏黄的情况，用"色彩平衡"调整图层的"中间调"进行调整，向右拖动黄色与蓝色滑块以增加蓝色，向左拖动青色与红色滑块以减少红色，向左拖动洋红与绿色滑块以增加洋红色，参数设置如图10-104所示，效果如图10-105所示。

图10-101

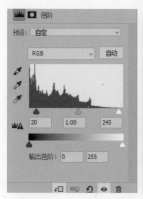

图10-102　　　　　　　　　　　　　　图10-103

09 新建一个图层，将其命名为"汽车投影"，使用柔边画笔在汽车下方绘制投影，将该图层移动到"大鲸鱼"（"鲸"的俗称）图层组的上方，并以剪贴蒙版的方式置入"大鲸鱼"图层，该操作的目的是为大鲸鱼添加投影。设置图层的"不透明度"来控制投影的深浅，本例设置图层的"不透明度"为75%，如图10-108所示。

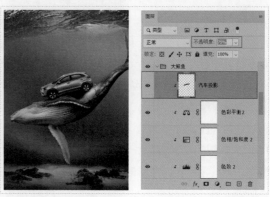

图10-108

10 打开素材文件中的"沉船"文件并将其添加到当前文件中，放到海底位置，如图10-109所示，应用图层蒙版，只保留船身。添加该素材可以丰富画面效果，同时也可表示该场景处于海底，如图10-110所示。

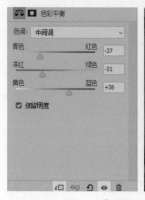

图10-104　　　　　　　　　　　　　　图10-105

08 利用"色彩平衡"调整图层校正汽车偏黄的情况后，发现车身的红色有点多。在"可选颜色"调整图层中选择"红色"选项进行单独调整，向右拖动青色滑块以增加青色、减少红色，向左拖动洋红滑块以减少洋红色，向左拖动黄色滑块以减少黄色，向右拖动黑色滑块以增加黑色，参数设置如图10-106所示，效果如图10-107所示。

图10-109　　　　　　　　　　　　　　图10-110

11 打开素材文件中的"小鱼"文件，并将其移动到"大鲸鱼"图层的下方，如图10-111所示。

12 打开素材文件中的"风筝"文件，并将其移动到"大鲸鱼"图层的下方，如图10-112所示。

图10-106　　　　　　　　　　　　　　图10-107

图10-111　　　　　　　　　　　图10-112

13 新建一个图层，将其命名为"海面压暗"，使用渐变工具填充从黑色到透明的渐变，设置图层的"混合模式"为"柔光"，将画面上方的海面压暗，效果如图10-113所示。新建一个图层，将其命名

为"海底压暗"，使用渐变工具填充从黑色到透明的渐变。如果设置的颜色过重，可以通过降低"不透明度"让颜色变浅，本例将"不透明度"设置为82%，将海底压暗，效果如图10-114所示。压暗海面和海底可以营造海很深的氛围。

图10-113　　　　　　　　　　　图10-114

14 打开素材文件中的"上面气泡"和"下面气泡"文件，并将它们添加到当前文件中，将"下面气泡"图层的"不透明度"设置为86%（该操作用于区分上下气泡的层次），并分别应用图层蒙版，隐藏海底和风筝处的气泡，如图10-115所示。

添加上面气泡和下面气泡　　　气泡添加蒙版后

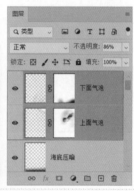

图10-115

15 打开素材文件中的"下面大气泡"文件并将其添加到当前文件中，如图10-116所示。从画面中可以看到气泡太白，下面使用"色彩平衡"和"色相/饱和度"调整图层提取气泡中的颜色。创建"色彩平衡"和"色相/饱和度"调整图层，将它们以剪贴蒙版的方式置入"下面大气泡"图层，只对下面大气泡进行调整。在"色彩平衡"调整图层中选择"中间调"选项，向左拖动青色与红色滑块以增加青色，向右拖动黄色与蓝色滑块以增加蓝色，参数设置如图10-117所示。在"色相/饱和度"调整图层中，向左拖动"色相"滑块，使气泡呈青绿色，向右拖动"饱和度"滑块，增加画面的饱和度，参数设置如图10-118所示。将该图层的"不透明度"设置为91%，效果如图10-119所示。将"下面大气泡"图层与"色彩平衡""色相/饱和度"调整图层创建到一个组中，并将其命名为"下面大气泡"。

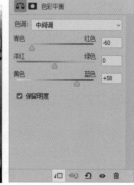

图10-116　　　　　　　　　　　图10-117

207

图10-118

图10-119

16 打开素材文件中的"上面大气泡"文件，并将其添加到当前文件中，如图10-120所示。打开素材文件中的"水母"文件，将它添加到当前文件，如图10-121所示。

17 打开素材文件中的"信号图标"文件，将其添加到当前文件"水母"的上方，并为该图层添加"投影"图层样式。选择横排文字工具，在工具选项栏中设置"字体"为"方正艺黑繁体"（该字体字形圆润饱满，与信号图标较协调），"字号"为"72点"，"颜色"为白色（白色使版面更干净、显眼）。在信号图标下方输入"5G"，并将"信号图标""投影"图层样式复制到"5G"文字图层中。同时选中"信号图标"图层和"5G"图层，并将它们移动到水母所在图层的上方，单击菜单栏"变换"＞"旋转"命令，将它们旋转到与水母一样的倾斜方向。"投影"图层样式的参数设置，如图10-122所示，效果如图10-123所示。

图10-120

图10-121

图10-122

图10-123

18 输入主题文字。选择横排文字工具，在工具选项栏中设置"字体"为"方正正大黑简体"（该字体粗重平稳，结构规整，让标题更能吸引眼球），"字号"为"90点"，"颜色"为白色。在大鲸鱼的下方输入"玩心不泯，陪你玩转世界！"，为该图层添加"斜面和浮雕"和"投影"图层样式，参数设置如图10-124和图10-125所示。单击菜单栏"变换"＞"旋转"命令，旋转文字，使它与汽车的倾斜方向一致，效果如图10-126所示。

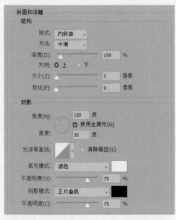

图10-124

图10-125

图10-126

19 选择横排文字工具，在工具选项栏中设置"字号"为"25点"，"字体"和"颜色"不变，在画面左下角输入"5G智享汽车 智享'玩'美"，效果如图10-127所示。

图10-127

20 创建"色彩平衡"调整图层，调整画面整体颜色。选择"中间调"选项，向左拖动青色与红色滑块以减少红色，向右拖动洋红与绿色滑块以增加绿色，向右拖动黄色与蓝色滑块以增加蓝色，参数设置如图10-128所示，调整后画面颜色更为通透，效果如图10-129所示。

图10-128

图10-129

图书在版编目（CIP）数据

从零开始：Photoshop 2022 中文版基础教程 / 神龙
影像编著. -- 北京 ：人民邮电出版社，2023.9
ISBN 978-7-115-59998-8

Ⅰ．①从… Ⅱ．①神… Ⅲ．①图像处理软件—教材
Ⅳ．①TP391.413

中国版本图书馆CIP数据核字（2022）第196769号

内 容 提 要

  本书从 Photoshop 的工作界面讲起，循序渐进地介绍 Photoshop 的各项核心功能及用法，包括
Photoshop 的基础知识、图像的基本编辑、图层的应用、选区的应用、图像颜色的调整、绘画与图像修饰、
矢量绘图工具的应用、文字的创建与编辑、蒙版与通道的应用，以及综合实例等内容。

  本书所有功能的讲解均通过精心设计的不同难度的商业实例展开，以帮助读者轻松地学习 Photoshop
的各项核心功能，以及快速、深入地掌握商业设计的理念和精髓。本书所涉及的商业实例包括海报设计、
杂志设计、包装设计、网店美工设计、摄影后期处理等。此外，本书还提供全书实例的素材文件、效果文
件及讲解视频。

  本书适合 Photoshop 零基础的读者阅读，也可作为相关教育培训机构的教学用书。通过对本书的学习，
读者可以从 Photoshop 零基础的新手快速成长为应用高手。

◆ 编　　著　神龙影像
  责任编辑　罗　芬
  责任印制　胡　南

◆ 人民邮电出版社出版发行　　北京市丰台区成寿寺路 11 号
  邮编　100164　　电子邮件　315@ptpress.com.cn
  网址　https://www.ptpress.com.cn
  北京联兴盛业印刷股份有限公司印刷

◆ 开本：787×1092　1/16
  印张：13.5　　　　　　　　　2023 年 9 月第 1 版
  字数：401 千字　　　　　　　2023 年 9 月北京第 1 次印刷

定价：79.90 元

读者服务热线：(010)81055410　印装质量热线：(010)81055316
反盗版热线：(010)81055315
广告经营许可证：京东市监广登字 20170147 号